光储直柔产业

生态发展报告 2024

中国建筑节能协会光储直柔专业委员会
北 京 格 物 致 胜 咨 询 有 限 公 司 主编

中国建筑工业出版社

图书在版编目（CIP）数据

光储直柔产业生态发展报告．2024 / 中国建筑节能协会光储直柔专业委员会，北京格物致胜咨询有限公司主编．-- 北京：中国建筑工业出版社，2024. 12.
ISBN 978-7-112-30704-3

Ⅰ. F426.61

中国国家版本馆 CIP 数据核字第 2024YP6707 号

责任编辑：张文胜　武　洲
责任校对：李美娜

光储直柔产业生态发展报告2024

中国建筑节能协会光储直柔专业委员会　北京格物致胜咨询有限公司　主编

*

中国建筑工业出版社出版、发行（北京海淀三里河路9号）
各地新华书店、建筑书店经销
北京光大印艺文化发展有限公司制版
临西县阅读时光印刷有限公司印刷

*

开本：787毫米×1092毫米　1/16　印张：5¾　字数：112千字
2024年11月第一版　2024年11月第一次印刷
定价：78.00元

ISBN 978-7-112-30704-3
（43848）

作者及专家组成员

本书作者：

邓志辉　李　坤　孙　飞　陆元元　李叶茂　陈家杨

于永亮　沈旺旺　张玉彬　崔文华　徐　家　宋晓东

专家组成员：

郝　斌　刘晓华　武　涌　倪江波　吴景山　王志高

赵言冰　郝　军　胡宏宇　李炳华　林波荣　陈红兵

周　辉　牛润萍　牛寅平　张时聪　徐晓东　陈宋宋

隋建新　谭长安　金　欣　虞小平　张少君　章卫军

主编单位：

中国建筑节能协会光储直柔专业委员会

北京格物致胜咨询有限公司

深圳市建筑科学研究院股份有限公司

清华大学

中国质量认证中心（青岛分中心）

战略支持单位：

能源基金会

序章

当直流碰上建筑，绽放出光储直柔之花

五年前，当我们在市场中寻找光伏和储能的直直变换器、直流断路器、剩余电流检测和绝缘监测等保护装置、空调冰箱洗衣机等直流电器、柔性调节控制器，甚至是一个小小的直流插头插座时，犹如大海捞针。即便找到一款，后续进入工程招标阶段，也是步履维艰，单一来源采购的窘境使我们望而却步。《直流建筑发展路线图（2020—2030）》所描绘的万亿市场仿佛是空中楼阁，高不可攀。

《建筑光储直柔技术与工程案例》使我们了解到更多优秀的工程实践，更重要的是广大可敬的工程案例践行者激活了面向新型电力系统用户侧巨大的市场需求，更多的企业认准了“光储直柔”，看到了未来，并且提出了自己的“光储直柔”解决方案，从而从根本上扭转了“先有鸡还是先有蛋”的问题。这些拥有优秀技术和产品的企业，有的是传统电气领域的佼佼者，有的是行业新兵；有的是大型上市公司，有的是小而美的“专精特新”；有的是勇于担当的国有企业，有的是活力四射的民营企业，国际顶流的企业也在跃跃欲试。

正是因为创新的你们，“光储直柔”的产业生态初具雏形，使得“光储直柔”规模化应用成为可能。中国建筑节能协会光储直柔专业委员会推出的“志”在创新专栏，就是要进一步解决“光储直柔”工程应用中供需信息不对称的问题，让更多愿干、想干、能干的人员、企业更容易地在市场中找到适合的产品、技术和解决方案，并通过解决工程中发现的新问题提出新的解决方案，从而形成正反馈和良性循环。

然而，我们也清楚地认识到当前“光储直柔”的价值没有得到充分体现。伴随而来的是光储交柔、光储空、光储充、光储充泵、光储泵柔……越来越多的名字围绕在我们的身边，回荡在我们的耳边。字里行间能够反映的共识是面向“双碳”更好地利用可再生能源，迎接其波动性、间歇性的挑战，然而以什么样的方式能够实现这一目标仍在广

泛而热烈的讨论中。靠抽水蓄能，还是电化学储能，抑或是氢能？靠电源侧，还是电网侧，抑或是用户侧？如果是用户侧，靠电动车 V2G，还是建筑？如果是建筑，靠冰蓄冷水蓄冷，还是用户侧电化学储能，抑或是建筑电动车交互 BVB？靠胡萝卜，还是大棒？如果胡萝卜，是分时电价、实时电价，还是碳排放因子，或是动态碳排放责任因子？

为了更好地回答并解决上述问题，“十四五”国家重点研发计划设置了“建筑机电设备直流化产品研制与示范”（2022YFC3802500）和“光储直柔建筑直流配电系统关键技术研究与应用”(2023YFC3807000）两个专项。目标是实现建筑“光储直柔”终端电器和配电系统的直流化和柔性化，使得其功能、性能能够更好地满足负荷灵活调节的需求，使得“光储直柔”产业生态的每一环不仅仅完成“0 到 1”，同时要实现“1 到 100”，使我们的用户能够有更多的选择，“光储直柔”能够规模化推广，从而更好地应对新型电力系统负荷日调节的矛盾。

产业兴，行业兴。“光储直柔”是面向未来的技术，对于国家是实现“双碳”目标的重要技术；对于电力系统，是消纳高比例风光的利器；对于垂直的上下游企业，意味着技术创新，更是产业升级的契机；对于用户，意味着用到更多绿色的电力、便宜的电力。当前“光储直柔”产业方兴未艾，随着新能源装机占比和电动车渗透率的不断提升，负荷灵活调节的需求日益突显，“光储直柔”的价值更多的显性化，产业已做好准备，万亿市场将不再是空中楼阁。

郝斌

2024 年元月 20 日

目 录

第 1 章

零碳潮涨，“光储直柔”乘风而起

在“绿色”“节能”“高效”的认知背景下，“直流建筑”的议题也初窥门径，在向上与“绿电”相合、向下与“直流家电”亲密无间的探索中，“光储直柔”更新了直流建筑的定义。图 1-1 是深圳市建筑科学研究院股份有限公司投资、设计、建设、运行的未来大厦，采用屋顶光伏自发绿电、建筑储能、直流配电及柔性控制于一体，走在“光储直柔”探索建筑零碳的前沿。

图 1-1　深圳建科院未来大厦——首个走出实验室实现工程化应用的“光储直柔”建筑

1.1 碳中和是大势所趋

碳中和是人类面对全球变暖危机的共同责任。

据资料记载，地球在白垩纪结束后出现过 2 个明显的暖期，一次温度上升 6 ~ 8℃，一次上升了 2℃。在每次温度大幅上升后大量的海洋生物死亡和灭绝的事实，反映了极端气候变化对地球生存环境的毁灭性风险。对于人类而言，由于过去化石能源的大量使用，全球平均气温已经较工业化前明显升高，且还在不断攀升。根据 2023 年全球平均气温统计数据显示，2023 年全球平均气温高于工业化前水平（1.45 ± 0.12）℃，距离《巴黎协定》“1.5℃”气候临界点已经非常接近了。为应对全球气候变化，控制温室气体排放已经迫在眉睫。

1.1.1 碳中和是全人类共同的目标

2015 年，在《联合国气候变化框架公约》下，近 200 个缔约方在巴黎气候变化大会上达成《巴黎协定》，旨在通过全球合作，实现 21 世纪全球平均气温上升幅度控制在 2℃以内，并将全球气温上升控制在前工业化水平之上 1.5℃以内的目标①。

全球主要发达国家与发展中国家基本已确定碳中和目标，详见图 1–2，其中不丹、苏里南已实现碳中和，而日本、德国、瑞典、英国等国家将碳中和写入法律法规中，韩国、智利等国家已起草法律法案。

中国作为负责任的大国，积极探索碳中和实践之路，中国将提高国家自主贡献力度，采取更加有力的政策和措施，二氧化碳排放力争于 2030 年前达到峰值，努力争取 2060 年前实现碳中和，并提出了实现碳中和 3 个阶段性任务（图 1–3）。中国计划到 2030 年，单位国内生产总值二氧化碳排放将比 2005 年下降 65% 以上，非化石能源占一次能源消费比重将达到 25% 左右，森林蓄积量将比 2005 年增加 60 亿 m^3，风电、太阳能发电总装机容量将达到 12 亿 kW 以上。到 2060 年，绿色低碳循环发展的经济体系和清洁低碳安全高效的能源体系全面建立，能源利用效率达到国际先进水平，非化石能源消费比重达到 80% 以上。

---

① 《巴黎协定》根据联合国政府间气象变化专门委员会（IPCC）在第五次评估报告（AR5）中做出一个务实的选择——将前工业化全球温度参考为 1850—1900 年的温度平均值；世界气象组织（GMO）曾给出 1961—1990 年平均温度 14℃，根据涨幅反推前工业化中期（1850—1900 年）平均温度 13.7℃左右。

图 1–2　主要国家碳中和目标承诺时间

图 1–3　中国碳中和阶段性任务

1.1.2　建筑是碳中和路径实施的重要领域

建筑是能源消费的重要领域，建筑的建设和运行是碳排放的重要原因。根据《中国建筑节能年度发展研究报告》，2021 年建筑运行的总商品能耗为 11.1 亿 tce，约占全国能源消费总量的 21%；与之相关的建筑运行过程中的碳排放总量为 22 亿 t CO_2，占全国碳排放总量的 19%。除此之外，建筑建造过程中所使用的建筑材料在生产和运输过程中也会产生碳排放，施工现场所使用的电力和燃料也会产生碳排放。2021 年建筑建造过程中产生的碳排放总量约 16 亿 t CO_2，占全国碳排放总量的 14%。建筑运行和建造过程相关的碳排放总量合计 38 亿 t CO_2，接近全国碳排放总量的三分之一。

而且从趋势上看，建筑领域碳排放在全社会碳排放中的结构比例还可能进一步提高。原因一方面是中国作为工业大国，其工业能耗占了全社会能耗的 70%，建筑运行能耗相对较低；未来随着产业结构的转型，第三产业的比重增加，与之相关的建筑能耗比重也会不断提高。如图 1–4 所示，我国建筑用电量占全社会用电量的比重仅为 24%，而欧美发达国家已超过 40%。另一方面，随着人民生活水平的提高，建筑能源消费也在增长，近 5 年建筑用电量的年均增速超过了同期全社会总用电量的平均增速。所以，如何降低建筑运行碳排放以及建筑建造过程中的碳排放，是实现我国碳中和目标的关键问题。

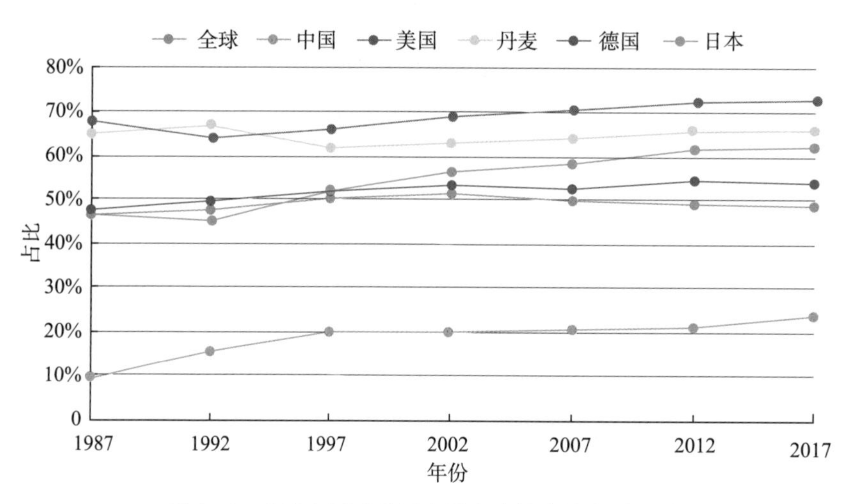

图 1–4　全球各国建筑用电量占全社会用电量比重

因此，2021 年，《国务院关于加快建立健全绿色低碳循环发展经济体系的指导意见》和《中共中央 国务院关于完整准确全面贯彻新发展理念做好碳达峰碳中和工作的意见》明确了“大力发展节能低碳建筑”“加快优化建筑用能结构”“推动能源体系绿色低碳转型”“推进城镇环境基础设施建设升级”等建筑低碳建设相关工作内容。2022 年住房和城乡建设部、国家发展改革委印发了《城乡建设领域碳达峰实施方案》，明确了“2030 年前，城乡建设领域碳排放达到峰值”“力争到 2060 年前，城乡建设方式全面实现绿色低碳转型，系统性变革全面实现，美好人居环境全面建成，城乡建设领域碳排放治理现代化全面实现，人民生活更加幸福”的目标。

1.1.3　实现建筑碳中和的路径讨论

在 2020 年将“碳中和”提升到国家层面，未来 40 年内，中国将进入全方面绿色低碳转型进程中，而碳中和对于全球来说都是全新赛道，并没有成功经验可以借鉴，中国必须主动地发现挑战、迎接挑战、克服挑战，自主探索出一条可持续发展的路径。

实现建筑碳中和，建筑节能是基础，也是目前应用最为广泛的建筑低碳技术。建筑节能技术从 20 世纪 80 年代开始推广，至今仍处于纵深发展阶段。从节能标准的历史版本看，节能水平从 30%、50%、65%，再到超低能耗建筑的 75%，近零能耗建筑的 85%，以及净零能耗的 100%，节能水平不断提升；覆盖范围从起初的供暖、通风、空调，到照明、生活热水、电梯、可再生能源利用，逐步拓展，技术手段不断丰富。建筑节能技术对于抑制用能需求的过快增长，提高建筑设备的能效水平起到重要作用。

首先，在建筑节能的基础上，发展建筑光伏。建筑屋顶光伏发电不仅可以减少外部能源消费和碳排放，还可以通过减少峰时电费产生显著的经济效益。尤其近年来国家在新能源领域着力发展，光伏发电技术快速进步和成本迅速下降，分布式光伏在 1200 等效利用小时数下的 LCOE 也达到了 0.4 元，建筑光伏经济性逐步显现，促进了建筑分布式光伏的快速发展。据公布数据，2023 年户用光伏装机达到 4348 万 kW，已达到光伏总装机容量的 20%，体现了建筑光伏的蓬勃发展态势。

其次，减少直接碳排放。减少直接碳排放以“电气化”为主要手段。目前我国的建筑电气化率约 50%，在生活热水、供暖、炊事领域的电气化程度较低，仍消耗大量化石能源。通过高效电气化技术，将传统化石能源的使用转化为电能，尤其是利用可再生电能，将有效减少建筑场地内的直接碳排放和直接污染源。依据住房城乡建设部发布的《“十四五”建筑节能与绿色建筑发展规划》提出的目标，到 2025 年建筑能耗中的电力消费比例将超过 55%。

最后，减少间接碳排放，尤其是电力和热力的间接碳排放。电力间接碳排放的减少，一方面要通过自身减量以及本体可再生能源充分利用，另一方面，还离不开建筑与电力系统的协同，通过分布式储能技术、直流配电技术、智能柔性用电技术等，深挖建筑负荷的灵活性潜力，帮助电力系统调峰、消纳可再生电力，进而实现建筑电力的深度脱碳。而热力间接碳排放的减少则在降低用热需求和输配损耗的基础上，通过挖掘电厂、工业及环境低温热源，实现热源的低碳化。

综上所述，建筑碳中和路径如图 1–5 所示，需要从直接碳排放和间接碳排放入手，包括建筑节能、建筑光伏开发、建筑电气化、热源低碳化和电源低碳化，既需要因地制宜制定综合性解决方案，也需要跨部门的通力合作。

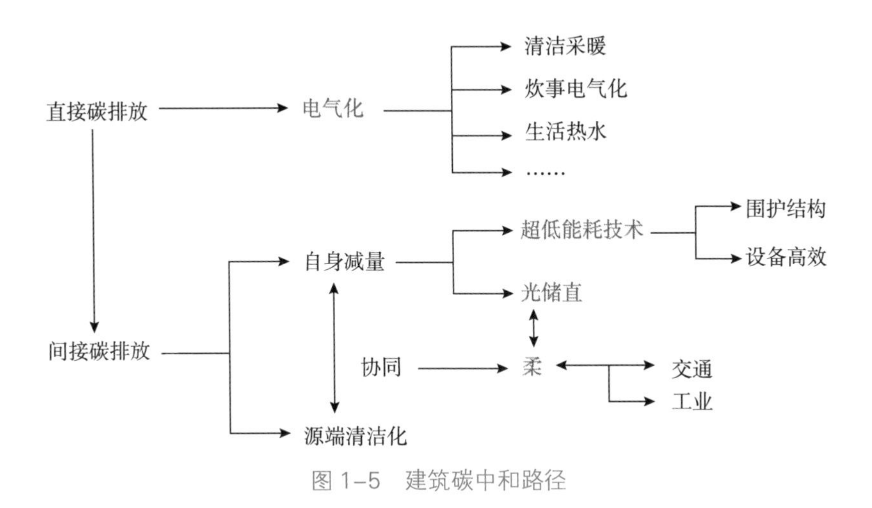

图 1–5 建筑碳中和路径

1.2 建筑碳中和需要建筑和电网的协同

1.2.1 建筑深度脱碳需要整体解决方案

从“九五”的“建筑节能专项规划”以来，建筑节能行业已历经近30年的发展。行业所面临的主要问题、要解决的主要矛盾，随着时代的发展而不断变化。在低碳发展的趋势下，城市建筑的深度脱碳面临以下两方面挑战：

（1）建筑节能边际效益递减。建筑节能的潜力很大一部分是来自空调，因为空调是建筑用能中的主要用能分项。通过加强围护结构保温、利用周边的高温热源和低温冷源、同时提高暖通空调系统的能效水平和管理水平，可以大幅降低空调分项的能耗。然而，随着节能工作推进，空调能耗不断下降，随着生产生活需求增长，建筑非空调能耗不断上升，导致的结果是空调与非空调能耗的比例从原来的2:1向1:2转变。根据深圳市大型公共建筑能耗监测统计数据，空调分项占比仅为26.5%。建筑节能强制性标准从“第一步”到“第四步”的节能率依次是30%、50%、65%、75%，幅度呈逐渐递减的趋势，反映了传统建筑节能技术的未来边界收益不断递减。

（2）建筑光伏与建筑负荷在电量电力上的不匹配。建筑能够获得的可再生能源往往由建筑外部的气候特征和周边的场地条件等客观因素决定，而建筑能源消耗则与建筑内部的空间布局和使用模式有关。以城市建筑为例，太阳能资源利用可能受限于自身的安装条件和周边高层的阴影遮挡，导致发电量较少，而用能总量可能因建筑层高较高、生产活动聚集而较大，最终导致建筑光伏的发电量无法满足建筑自身的用电需求。所以，不是所有的建筑都能依靠自身光伏实现零碳能源的自给自足。其次，从电力角度看。建筑光伏发电负荷和建筑用电负荷存在时间维度上的不匹配。例如，住宅小区的峰谷跟光伏发电的峰谷完全相反；夏天用电负荷大时光伏往往不足，而冬天和过渡季用电负荷小时光伏往往富余。由于电力的实时平衡特性，建筑光伏与建筑负荷在电量、电力上的不匹配问题应该受到重视，尤其在未来高比例可再生情景下。

局部思维制约了建筑的低碳发展。面对城市建筑的深度脱碳问题，城市的高容积率、高负荷密度特征决定了城市建筑周边的可再生能源非常有限，叠加城市经济快速发展导致的用能需求增长势头，大多数建筑无法靠自身节能和屋顶光伏实现深度脱碳。仅依靠传统的技术路径，只在建筑红线内寻找解决办法，那么碳中和可能只能在资源禀赋较好的少部分建筑实现，而无法形成规模化发展的态势。

建筑低碳发展需要整体方案，需要充分利用城市和区域的绿色能源实现建筑降碳，同时也应从城市和区域的整体角度重新审视建筑在低碳转型中应该发挥的作用。未来建筑低碳发展趋势将从单纯的能效提升维度拓展为能效和柔性双维度并行。建筑能源灵活性、建筑电网高效互动（GEB）等柔性用电相关概念也已经成为国际上的新兴研究热点。

事实上，随着电力市场化改革的进一步深入，预计“十四五”期间全国将陆续试点和启动电能量交易市场、电网辅助服务市场、电力容量市场等。工商业用户（建筑用户）参与交易门槛逐年降低，预计“十四五”期间将会有一大批工商业经营性用电进入电力市场。这些新的市场机制将会调动建筑的分布式能源发电潜力和建筑负荷调节潜力，为未来新型柔性建筑用电系统带来收益，进而推动建筑与电网的融合发展。

1.2.2 高比例可再生新型电力系统建设需要智能柔性建筑负荷

以化石能源为主的大规模电力系统是传统电力系统，是第二次工业革命的成就，是由发电、输电、变电、配电和用电等环节组成的电力生产与消费系统。而新型电力系统是主动配电网的技术深化，其特征如图 1-6 所示。大量新能源分布式接入电网，形成复杂的电网潮汐变化，推动着电力技术的深化发展。新型电力系统是以新能源为供给主体，以确保能源电力安全为前提，以满足经济社会发展电力需求为首要目标，以坚强智能电网为枢纽平台，以“源网荷储”互动与多能互补为支撑，具有清洁低碳、安全可控、灵活高效、智能友好、开放互动基本特征的电力系统。传统电力系统与新型电力系统的对比见图 1-7，由于源端发电资源的不可预测性，导致传统电力系统的多种发电源变成柔性调节资源，以应对电源及负荷的双随机特性。

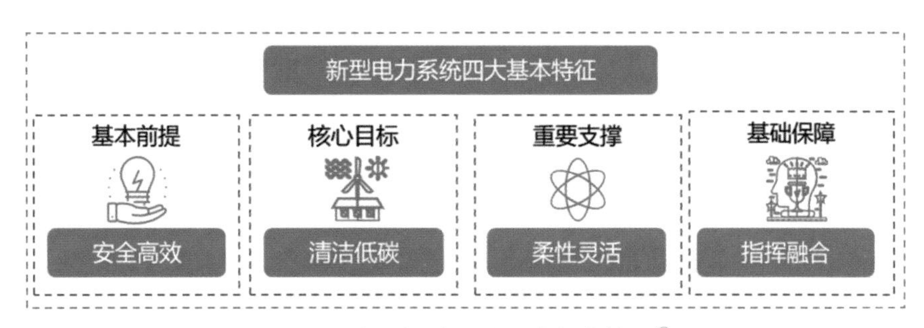

图 1-6　新型电力系统四大基本特征[①]

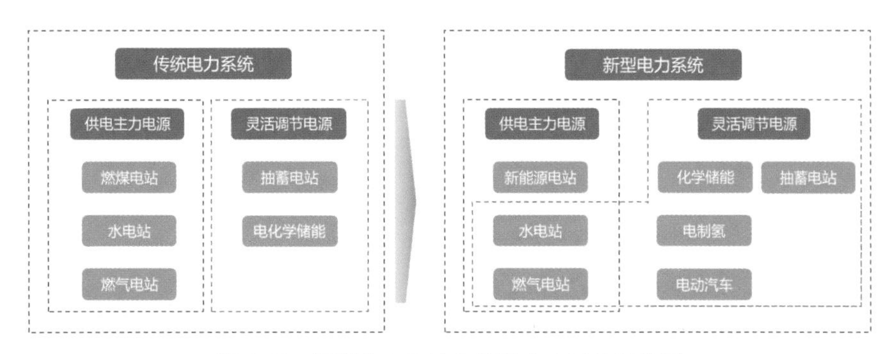

图 1-7　新型电力系统与传统电力系统对比图

① 《新型电力系统发展蓝皮书》，北京：中国电力出版社，2023。

然而，在新型电力系统发展的进程中，我国还面临着调峰和潮流控制的难题：

（1）首当其冲的是保障电力供应安全性的挑战。当前国际局势复杂多变，能源价格高企，动力煤、天然气等大宗商品价格大幅波动；煤炭与天然气的供应紧张及价格高位，带来火电企业的经营困难。同时，极端天气造成电力负荷的大幅攀升，加压电力供应安全。长期来看，我国电力仍处于需求持续稳步的增长态势，尖峰负荷特征日益凸显，规模持续增加，累计时间短、出现频次低，占电量小，但其增加的投资成本和保供难度与日俱增，对电力的支撑供应提出挑战。

（2）新能源的快速发展，电网调节能力和支撑能力面临着诸多掣肘，新能源的消纳形势依然严峻。随着新能源占比的不断提升，快速消纳电力系统灵活调节资源，其间歇性、随机性、波动性特征使得系统调节更加困难，系统平衡和安全问题更为突出。部分网架薄弱、缺乏同步电源支持的大型新能源基地，系统支撑能力不足，使新能源安全可靠外送受到影响。

（3）高比例的可再生能源和高比例的电力电子设备的“双高”特性日益凸显，电网安全稳定运行面临较大的挑战。相比同步发电机主导的传统电力系统，“双高”电力系统低惯量、低阻尼、弱电压支撑等特征明显，且我国电网呈现交直流送受端强耦合、电压层级复杂的形态，送受端电网之间、高低压层级电网之间协调难度大，故障后易引发连锁反应，电网安全风险突出。

（4）电力系统可控对象从以源为主扩展到源网荷储各环节，控制规模呈指数级增长，调控技术手段和网络安全防护亟待升级。随着数量众多的新能源、分布式电源、新型储能、电动车等接入，电力系统信息感知能力不足，现有调控技术手段无法做到全面可观、可测、可控，调控系统管理体系不足以适应新形势发展要求，需要不断深化电力体制改革和电力市场建设，提升新能源消纳能力和“源网荷储”灵活互动调节能力。

建筑有大量潜在的柔性负荷。一是建筑用电设备，在保障生产生活基本质量的前提下，通过优化设备的运行时序，错峰用电；二是储能设施，投资建设储能电池、蓄冷水箱、蓄冰槽、蓄热装置等，直接或间接地实现电力的存储；三是电动车，通过智能充电桩连接电动车电池和建筑配电系统，在满足车辆使用需求的基础上，挖掘冗余的电池容量，使停车场中电动车发挥“移动充电宝”的作用。而且，建筑柔性负荷相比于其他可调节资源，存在低成本的优势，因为建筑用电设备已经安装，实现建筑负荷的调节只需要增加能量管理系统解决通信和协调控制问题。

建筑作为单纯电力消费者的角色正在发生转变。未来的建筑既是能源消费的主体，也是能源生产和能源储存的主体。拥有分布式电源、分布式蓄能以及负荷调节能力的建筑，可以经过资源聚合表现出虚拟电厂的性能特征，有望使得量大面广的分布式资源得以聚合和有序管理，从而填补传统电力系统对 10kV 以下配网调度模型的空白和调节能力短板，为电力系统的优化调度开辟一条新的路径。

1.2.3 建筑电网携手零碳

构建新型电力系统是一场世纪的“马拉松”。“清洁低碳是方向、能源保供是基础、能源安全是关键、能源独立是根本、能源创新是动力、节能提效是助力”是发展新型电力系统的原则。当前阶段，新能源替代是发展的重中之重。发电侧新能源替代，仅 2022 年新能源新增装机容量突破 100GW；网侧一方面发展智慧运维，一方面解决配网最后 1km 调度难题；负荷侧不仅在交通、工业上推广绿色零碳，建筑行业的近零碳、零碳工程也在试点推行。

建筑领域作为实现“双碳”目标的重要一环，应为电力系统“零碳化”作出贡献。这意味着面对未来以可再生能源为主体的能源电力结构，建筑行业也须主动适应，谋求自身能源结构的改变。

柔性用电是新型电力系统建设和建筑低碳发展的契合点。从建筑角度，如果只局限在建筑红线内对建筑能源系统做优化，很难实现碳中和目标；而上升到城市整体层面，电网可以为建筑提供更丰富的零碳电力资源和更可靠的电力供应保障，而且社会总成本更低。从电网角度，未来高比例风电的渗透会带来灵活性资源紧缺的问题。建筑作为主要用电领域之一，充分挖掘建筑中的空调、热水、充电桩等柔性负荷，可以构建起量大面广的灵活性资源池，从而进一步提高电力系统的可靠性和经济性。

零碳建筑、建筑节能的话题，越来越受到大家的广泛重视。从 1986 年出台第一部《民用建筑节能设计标准》JGJ 26—1986，到 2006 年的《绿色建筑评价标准》GB/T 50378—2006，再到 2021 年的《建筑节能与可再生能源利用通用规范》GB 55015—2021，零碳建筑的第一部认定与评价指南也在 2021 年正式颁发。

零碳建筑的代表性作品——直流建筑，其内部配电改直流以及“需求侧响应”用电模式，使其成为电力的柔性负载。自产自消、存电于楼，同时与柔性控制技术相结合，培育大批量的“产消者”，不仅提高了建筑当地的能源自给率、独立性、安全性，而且缓解了高比例可再生能源对市政电网的冲击。

1.3 “光储直柔”助力建筑零碳用电

适应碳中和，吹出零碳之风。

1.3.1 “光储直柔”的意义

在“荷随源变”的新模式中，对于建筑而言，包含 3 方面变革：第一，建筑用电方式由“需求导向”转变为“供给导向 + 需求响应”的模式。比如，电气设备根据光伏实际发电状况灵活调整使用时间，发电量充足时便及时消纳，反之则暂缓用电或者降低瞬时用电功率。第二，发展建筑内部蓄电系统，电力供给量大于用电需求时蓄电，而电力供给量小于用电需求量时则由蓄电池放电，补充电力系统的不足。第三，利用电动车储电能力，将电动车充电桩与建筑配电系统有机整合，实现动态平衡，以灵活满足建筑用电需求。

有鉴于此，清华大学江亿院士首次提出“光储直柔”的系统理念，其是在建筑领域光伏发电、储能、直流配电、柔性用电 4 项技术的简称。“光”是指建筑中分布式发电设施，主要指太阳能光伏发电设施；“储”是指建筑中的储能设施，广义上说有很多种方式，包括电化学储能、储热、抽水蓄能等，这里重点是指电化学储能（尤其是利用电动车本身的电池）及利用建筑围护结构热惰性和生活热水的蓄能等；“直”是指建筑内部采用低压直流配电形式；“柔”是“光储直柔”系统的最终目的，即实现柔性用电，使其成为电网的柔性负载或虚拟灵活电源。四项技术并非独立存在，而是有机融合，通过发展分布式的可再生能源、提高建筑配电能效和智慧能源管控水平、聚合建筑周边的灵活性资源与电网友好互动，在绿色节能的基础上，进一步摆脱对化石能源的依赖，实现建筑清洁转型和零碳用电。

“光储直柔”是建筑低碳建设工作的重要抓手，是新型电力系统的重要组成。2021 年 10 月国务院印发《2030 年前碳达峰行动方案》提出建设集光伏发电、储能、直流配电、柔性用电于一体的“光储直柔”建筑。传统的建筑低碳技术包括节能技术、绿色建筑技术等，即通过节约能源和材料减少建筑碳排放。然而，建筑低碳发展不只是需求侧的降耗减碳，还与城市能源、新型电力系统的供给侧改革脱不开关系。“光储直柔”就是建筑对城市能源低碳转型的主动贡献，通过分布式电源建设和电力灵活资源聚合，挖掘建筑自身的潜力，灵活适应电网环境，从原始的“用多少要多少”转变为“给多少用多少”，即“源随荷动”演进为“荷随源动”，提高可再生能源的生产和消纳能力。

1.3.2 “光储直柔”的发展趋势

“光储直柔”建筑的发展应该遵循因地制宜的原则，服务城乡差异化发展。在城市地区，发展以“储”和“柔”为核心的“光储直柔”配电系统，发挥建筑的资源聚合作用，使建筑成为虚拟电厂，主动调节建筑负荷，实现与电动车、电力系统的双向友好互动，提高电力系统的经济性以及可再生能源的消纳比例。在农村地区，发展以“光”为核心的“光储直柔”配电系统，围绕农村建筑屋顶和周边场地的太阳能资源全面开发，推动农村用能电气化、农业机具电动化、用电管理有序智能化，建设村级直流配电网和蓄电蓄热设施，促进光伏发电的高效利用和充分消纳。图 1–8 所示为围绕“光”“储”“柔”的新业态、新场景，发展以“直”为纽带的新型建筑电力系统，提高建筑用电高效化和智能化。

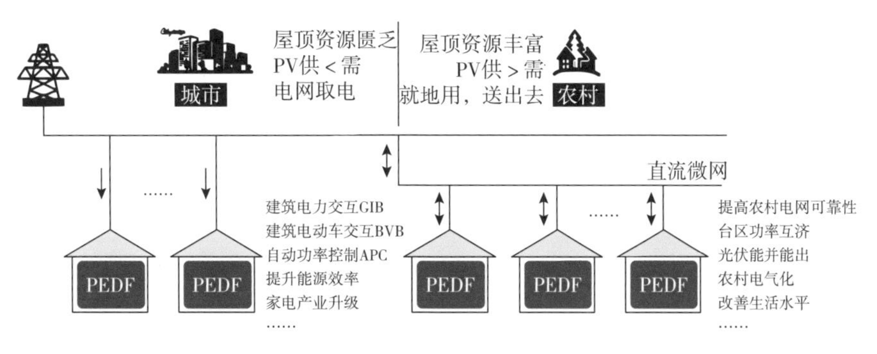

图 1–8 “光储直柔”在城市和农村的发展路径

（1）城市以“柔”为主，只进不出

城市电价高于农村，光伏发电削减高峰用电负荷的经济效益好，而且还能降低台站超载风险、缓解配网增容压力，产生潜在的电网经济运行效益。但是，城市土地价值高，光伏安装对建筑屋顶和立面的使用功能和造型美观的影响都是不可忽视的。很多项目通过架高铺设光伏保留屋面使用功能，或者选用具有装饰性功能的光伏组件，无疑都会增加设计和建设的成本，尤其是体量规模小且定制化程度高的条件下。所以，城市建筑适宜着重发展柔性调控技术和建筑电力交互，尽可能消纳可再生电力。

（2）农村以“光”为重，只出不进

建筑屋顶、立面以及周边场地是发展太阳能光伏的宝贵资源。尤其在农村地区，土地资源丰富，光伏发电潜力巨大，且农村建筑用能强度较城市低，充分利用建筑周边的太阳能资源，从总量上能满足建筑的基本用能需求。围绕分布式光伏建设的“光储直柔”配电系统相较于远距离架，电线在供电成本和维护费用上都具有明显的优势，而且可为当地居民提供负担得起且清洁环保的电能，极大改善农村地区居民的居住条件和生活质量，同时向城市地区输送余量电力，成为农村居民新的经济收入来源。但是，农村分布式光伏发展需要充分关注消纳和外送问题，一方面应推进农村炊事、供暖、热水用能的电气化，推动农机具的电动化，尤其是使用带有柔性调节能力和储能的设备，提高就地消纳能力；另一方面应加强农村配网建设和外送通道建设，优化匹配不同农户的发电资源和用电需求，为城市提供绿色电力。

（3）城市先公建后住宅

由于城市公共建筑与光伏的一致性较好，而且新建公共建筑都具有数字化系统，易于柔性实现，所以由政府办公建筑带头，发展分布式光伏及柔性充电技术，鼓励柔性用电，开展“光储直柔”公共建筑与电网交互的试点示范。推动公务车电动化和有序充放电模式，开展公务车与建筑双向互动的示范。同时，加强对公众的引导与教育，改善柔性用电的用户体验。

（4）柔性挖掘先从柔性设备和建筑储能着手，逐步过渡到建筑与电动车交互

建筑用电柔性来自三方面：一是建筑用电设备，在保障生产生活基本质量的前提下，通过优化设备的运行时序，错峰用电；二是储能设施，投资建设储能电池、蓄冷水箱、蓄冰槽、蓄热装置等，直接或间接地实现电力的存储；三是电动车，通过智能充电桩连接电动车电池和建筑配电系统，在满足车辆使用需求的基础上，挖掘冗余的电池容量，使停车场中电动车发挥“移动充电宝”的作用。2030 年前，柔性设备、建筑储能处于发展的起步阶段，电动车的充电模式开始向柔性充电转变，放电技术尚未开始规模推广，主要靠挖潜柔性设备和建筑储能设施满足可再生能源消纳所需的日调峰增量。2030 年后，靠柔性设备和建筑储能的快速发展，抵消可再生能源消纳所需的日调峰量的增量，靠电动车放电技术的推广，促使建筑对电网调峰的依赖程度迅速下降。2050 年后，建筑柔性完全达到建筑用能的日调峰量，多余电力可以进一步应用于其他用能领域或者更长时间尺度的调峰场景。

第 2 章

风起十年，“光储直柔”从概念到落地

2.1 什么是“光储直柔”？

在低碳发展的背景下，为优化能源消耗结构，提高可再生能源的利用率，建筑电气化、供配电直流化、负荷柔性化已经成为未来建筑能源的发展趋势。传统建筑电气系统设计的要求通常包括：

（1）通过外部输入的能源满足建筑运行的能源需求；

（2）保障电气设备的安全性和可靠性，同时尽可能节能；

（3）通过更多的智能化设计提高和满足使用者的体验感。

在“双碳”目标的指引下，为了适应未来可再生能源在电网侧高比例渗透和在建筑层面分布式发展的新趋势，建筑电气系统需要满足更高的要求。在建筑仍作为能源用户的基础上，既需要建筑作为光伏发电等可再生能源的生产者，也需要建筑能够在外部能源供给侧变化条件下，有效承担起从用户侧调节出发、适应供给侧变化特点的任务，也就是建筑将从单一的用户 / 负载转变为集能源生产、消耗于一体的复合体，通过智能化手段，实现与电网的柔性交互，实现“源荷”双向互动，降低电网调度的难度及用户的用能成本。“光储直柔”正是围绕这一目标提出的建筑新型能源系统，典型架构如图 2-1 所示。

“光储直柔”从字面理解：

“光”可理解为建筑表面安装的分布式光伏发电装置

建筑光伏为建筑提供了非电网来源的分布式电能，使建筑实际消耗的电能与电网提供的电源不相等。从电网角度看，减少了建筑的单位能耗，有时候可以弥补用电高峰时的市电功率不足，但是也可能增大电网的峰谷功率波动幅度，增加电网调度管理的难度，尤其是大规模的分布式光伏发电接入电网后。

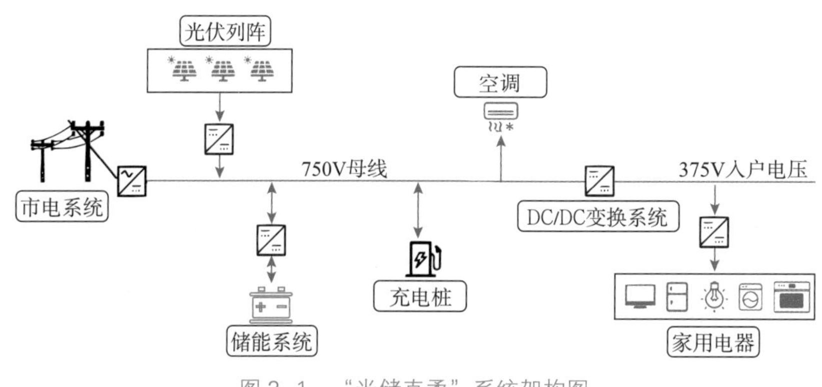

图 2-1 “光储直柔”系统架构图

“储”是指建筑的储能（冷、热）、储电等

“储”的形式比较多样，既可利用建筑自身的热惰性储能，也包含电池储能等。建筑本身具有保温结构，特别适合储冷储热，相对于光速的电系统，建筑的温度时间常数较大，可以在分钟至小时的时间尺度内保持温度基本稳定，而温度调节是建筑电力的主要用途。通过给建筑增加电化学储电系统，可以将电力储存缓冲，用于建筑用电功率的削峰填谷，降低用户的度电成本。

“直”是指建筑内的电力母线为直流供电

在高度智能化和高精度的电力控制方面，直流电有极大的优势，尤其是在半导体及电力电子技术领域，已经全部应用直流电，包括各类电力电子变换器、电子变压器等。直流电能够通过更高的开关频率提供更高的功率密度，便于降低产品的成本同时直流电能够根据需要提供精确的控制，可以实现微秒级保护，更好的通过储能来平滑新能源发电和建筑负荷的双随机波动。直流电压除了可以传递功率信号，还可以传递控制信号、价值信号，相对于交流电，能够以更低的成本实现稳定可靠的微电网功能。

“柔”是指柔性用电

利用建筑本身的热惰性，充分发掘利用建筑可迁移、可中断负荷，通过对建筑用电负荷的智能控制，实现建筑对电网能源需求的弹性可控，应对电源端的功率波动，实现荷随源动。同时将建筑光伏、储能系统等多源融入建筑配电系统中，实现建筑电功率随源端变化调整，而舒适性几乎不受影响，保证柔性控制可以自动根据用户意愿实施，同时降低用户的能源支出费用和电网备用机组的投资，进而降低全社会的能源综合成本。

柔性用电是在建筑节能的基础上，通过对用电功率的峰值时间平移或调整，充分挖掘建筑及其机电设备的性能，实现在电力负荷尖峰时刻降低建筑的负荷，减少用户的能源支出，用建筑的热惰性保证用户的舒适性，如图 2–2 所示。

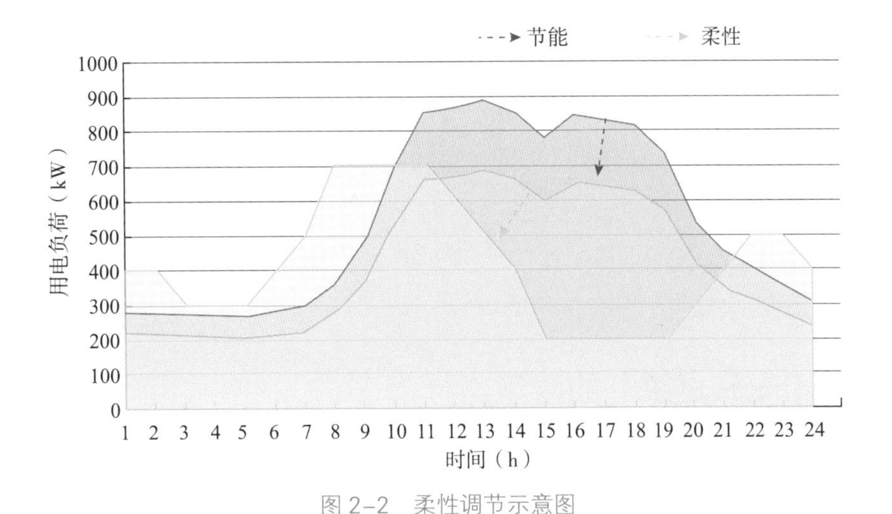

图 2–2　柔性调节示意图

分布式光伏的发展给电力系统的设计和运行带来的巨大变化，从源、荷两者关系转变为光、储、源、荷四者关系。不同于传统电网自上而下的“源随荷动”和大区域负荷平衡，转变为上下互动的“源荷互动”和小区域负荷平衡。对电网而言从，单向潮流可能转变为双向潮流，如果改造电网的费用全部由电网负担，必然增加用户的用电成本，不利于新能源的可持续发展。

2.2　波澜渐起，“光储直柔”崭露头角

分布式光伏发电并网多采用交流接入方式，给原有的交流供电系统带来了变压器峰值功率超限及电能潮流变化的隐患，造成了多地根据配电网容量划分分布式光伏禁止接入的红色区域，甚至有地区未来 3 年都没有分布式光伏接入的计划和能力。为了更快更好地完成能源转型的既定目标，需要新的技术和方案来解决此问题。通过安装更多的备用电力设施来解决分布式光伏并网的问题，把所有责任推给电网，会拉长解决问题的时间线，降低变压器的年小时利用数，增加更多低利用率的备用机组，并最终会推高用户电价。“光储直柔”正是在这种背景下出现的技术：利用建筑自身的用电特点，通过智能化手段实现用户侧自主解决分布式光伏消纳，实现按电网要求的可控制并网接入时间和功率，在电网需要光伏出力时出力，不需要光伏出力时不“捣乱”，实现分布式光伏与电网的良好柔性互动，提高电网设备的年小时利用数，提高电网供电的可靠性，降低

全社会能源的综合成本，为碳达峰、碳中和提供建筑侧的解决方案。

“光储直柔”技术能够帮助建筑在实现碳中和过程中发挥更大作用，网上公开资料显示，自 2021 年 10 月国务院文件首提建筑“光储直柔”之后，陆续推出多条相关政策，如微电网、柔性负荷、新型电力系统等，基本已形成共识：面向“双碳”目标，更好利用可再生能源，迎接其波动性、间歇性挑战。从“源荷”双向互动入手，建筑领域发挥自身优势、主动破解绿色低碳转型难题、兼顾未来与眼前。“光储直柔”技术，对于国家，是助力实现“双碳”目标的重要技术；对于电力系统，是消纳高比例风光电力的利器；对于上下游企业，意味着技术创新，更是产业升级的契机；对于建筑末端用户，意味着能够享受到更多绿色、低价的电力。

2.2.1 “光储直柔”的政策与标准

“光储直柔”是建筑领域面向碳中和重大需求、实现技术创新突破的重要途径，目前已受到广泛关注，并得到国家以及地方省市层面的政策支持。

从政策发布部门来看，国务院、住房和城乡建设部、国家发展改革委、国家能源局、工业和信息化部、生态环境部、科学技术部以及农业农村部等均有政策涉及“光储直柔”技术。

从发布时间看，自 2021 年 10 月 24 日国务院印发《2030 年前碳达峰行动方案》中“城乡建设碳达峰行动”首次明确提出“‘光储直柔’建筑”，到 2023 年底，每年均有不同部门发布与之相关的政策文件，如 2021 年 12 月工业和信息化部等五部门印发《智能光伏产业创新发展行动计划（2021—2025 年）》，2022 年 6 月科学技术部等九部门印发《科技支撑碳达峰碳中和实施方案（2022—2030 年）》，2023 年 6 月国家能源局发布《新型电力系统发展蓝皮书》。

从政策发布内容看，以碳达峰碳中和“1+N”政策体系为指导，“光储直柔”技术主要出现在碳达峰行动方案、建筑节能与绿色建筑发展规划、智能光伏产业创新发展行动计划、污染降碳协同增效实施方案、新型电力系统建设等内容相关的政策文件中，如 2022 年 6 月住房城乡建设部和国家发展和改革委联合印发《城乡建设领域碳达峰实施方案》，将“光储直柔”列为“优化城市建设用能结构”技术之一推动实施。国家各部委推出的相关政策如表 2-1 所示：

国家部委“光储直柔”相关政策

表 2-1

部门	政策名称	发布日期	建筑电气化相关内容	关键词
国务院	国务院关于印发2030年前碳达峰行动方案的通知（国发〔2021〕23号）	2021年10月24日	（四）城乡建设碳达峰行动。 3. 加快优化建筑用能结构。……提高建筑终端电气化水平，建设集光伏发电、储能、直流配电、柔性用电于一体的“光储直柔”建筑。到2025年，城镇建筑可再生能源替代率达到8%，新建公共机构建筑、新建厂房屋顶光伏覆盖率力争达到50%。 4. 推进农村建设和用能低碳转型。……加快生物质能、太阳能等可再生能源在农业生产和农村生活中的应用。加强农村电网建设，提升农村用能电气化水平	建筑终端电气化； “光储直柔”； 农村用能电气化
工业和信息化部等五部门	工业和信息化部 住房和城乡建设部 交通运输部 农业农村部 国家能源局关于印发《智能光伏产业创新发展行动计划（2021—2025年）》的通知（工信部联电子〔2021〕226号）	2021年12月31日	到2025年，光伏行业智能化水平显著提升，产业技术创新取得突破。……开展以智能光伏系统为核心，以储能、建筑电力需求响应等新技术为载体的区域级光伏分布式应用示范。提高建筑智能光伏应用水平。积极开展光伏发电、储能、直流配电、柔性用电于一体的“光储直柔”建筑建设示范	建筑电力需求响应； “光储直柔”
住房城乡建设部	住房和城乡建设部关于印发“十四五”建筑节能与绿色建筑发展规划的通知（建标〔2022〕24号）	2022年3月1日	三、重点任务 （五）实施建筑电气化工程。 充分发挥电力在建筑终端消费清洁性、可获得性、便利性等优势，建立以电力消费为核心的建筑能源消费体系。……开展新建公共建筑全电气化设计试点示范。……引导生活热水、炊事用能向电气化发展，促进高效电气化技术与设备研发应用。鼓励建设以“光储直柔”为特征的新型建筑电力系统，发展柔性用电建筑	全电气化设计； “光储直柔”； 新型建筑电力系统； 柔性用电建筑
生态环境部等七部委	关于印发《减污降碳协同增效实施方案》的通知（环综合〔2022〕42号）	2022年6月10日	（六）推动能源绿色低碳转型。统筹能源安全和绿色低碳发展，推动能源供给体系清洁化低碳化和终端能源消费电气化。 （十）推进城乡建设协同增效。……大力发展光伏建筑一体化应用，开展光储直柔一体化试点	终端能源消费电气化； “光储直柔”一体化

续表

部门	政策名称	发布日期	建筑电气化相关内容	关键词
科学技术部等九部门	科学技术部等九部门关于印发《科技支撑碳达峰碳中和实施方案（2022—2030年）》的通知（国科发社〔2022〕157号）	2022年6月24日	三、城乡建设与交通低碳零碳技术攻关行动 围绕城乡建设和交通领域绿色低碳转型目标，以脱碳减排和节能增效为重点，大力推进低碳零碳技术研发与示范应用。……突破绿色低碳建材、光储直柔、建筑电气化、热电协同、智能建造等关键技术，促进建筑节能减碳标准提升和全过程减碳	“光储直柔”； 建筑电气化； 热电协同
住房城乡建设部	住房城乡建设部 国家发展改革委关于印发城乡建设领域碳达峰实施方案的通知（建标〔2022〕53号）	2022年6月30日	（九）优化城市建设用能结构。 ……引导建筑供暖、生活热水、炊事等向电气化发展，到2030年建筑用电占建筑能耗比例超过65%。推动开展新建公共建筑全面电气化，到2030年电气化比例达到20%。推广热泵热水器、高效电炉灶等替代燃气产品，推动高效直流电器与设备应用。推动智能微电网、“光储直柔”、蓄冷蓄热、负荷灵活调节、虚拟电厂等技术应用，优先消纳可再生能源电力，主动参与电力需求侧响应。探索建筑用电设备智能群控技术，在满足用电需求前提下，合理调配用电负荷，实现电力少增容、不增容	电气化； 公共建筑全面电气化； “光储直柔”
国家能源局	《新型电力系统发展蓝皮书》	2023年6月2日	用户侧低碳化、电气化、灵活化、智能化变革，全社会各领域电能替代 发展光储直柔，包括研究光储直柔供配电关键设备与柔性化技术，建筑光伏一体化技术体系，区域–建筑能源系统源网荷储用技术及装备	电能替代； “光储直柔”
国家发展和改革委，国家能源局	《关于新形势下配电网高质量发展的指导意见》	2024年2月6日	配电网正逐步由单纯接受、分配电能给用户的电力网络转变为源网荷储融合互动、与上级电网灵活耦合的电力网络。建设满足分布式新能源规模化开发和就地消纳要求的分布式智能电网，实现与大电网兼容并存、融合发展。推动微电网建设，明确物理边界，合理配比源荷储容量，强化自主调峰、自我平衡能力。为推动新形势下配电网高质量发展，助力构建清洁低碳、安全充裕、经济高效、供需协同、灵活智能的新型电力系统	“源网荷储”融合互动； 分布式智能电网； 自主调峰、自我平衡

除国家部委，各省市地方政府也都纷纷响应，如江苏省、安徽省、上海市、天津市、深圳市等。具体如下：

1）上海市：鼓励采用与建筑一体化的可再生能源应用形式。加快部署“光伏 +”可再生能源建筑规模化应用，推进适宜的新建建筑安装光伏，2022 年起新建政府机关、学校、工业厂房等建筑屋顶安装光伏的面积比例不低于 50%。推动建筑可再生能源项目的创新示范，提高建筑终端电气化水平，探索建设集光伏发电、储能、直流配电、柔性用电于一体的“光储直柔”建筑。

2）天津市：提高建筑终端电气化水平，建设集光伏发电、储能、直流配电、柔性用电于一体的“光储直柔”建筑。

3）江苏省：大力发展光伏瓦、光伏幕墙等建材型光伏技术在城镇建筑中的一体化应用，探索“光储直柔”项目示范，推动分布式太阳能光伏建筑应用。

4）安徽省：政府投资的新建公共建筑应采用光伏建筑一体化技术。开展“光储直柔”建筑应用试点，2023 年底前，蚌埠、芜湖、宣城等光伏建筑试点城市新增太阳能光伏建筑应用装机容量不低于 200GW。

5）山西省：积极推进高效智能光伏建筑一体化利用、“光储直柔”新型建筑电力系统建设技术研究与应用。

6）深圳市福田区：对“光储直柔”项目落地提供经费支持，对完成并网及验收通过的实际投入 200 万元以上且直流负载 / 总负载≥ 10% 的“光储直柔”项目，按项目实际建设投入 20% 以内，一次性给予最高 500 万元支持。

7）南通市：大力发展光伏瓦、光伏幕墙等建材型光伏技术在城镇建筑中的一体化应用，探索“光储直柔”项目示范，推动分布式太阳能光伏建筑应用。

“光储直柔”为新兴技术系统，相关标准体系尚未建立，还涉及跨行业标准协同。当前，“光储直柔”理论研究与工程实践取得突破性进展，与之相关的标准体系已逐渐完善，见表 2-2。“光储直柔”核心目标在“柔”，柔性用电、负荷调节等相关标准的制定已纳入国家碳达峰碳中和标准化提升行动计划及标准体系建设指南中，以进一步促进发挥标准推动能源绿色低碳转型的技术支撑和引领性作用。而国外同阶段民用建筑直流配电领域设计标准、“光储直柔”评价标准仍为空白。鉴于国际电工委员会于 2022 年 1 月建立新的 ahG8 直流建筑应用特设工作组，我国大力发展“光储直柔”将为下一步主导相应的国际标准、引领直流设备和配套产业的发展奠定基础。

"光储直柔"相关标准状态 表 2-2

状态	标准级别	标准名称
已发布	国标	《家用和类似用途直流插头插座 第 1 部分：通用要求》GB/T 42710.1—2023
		《家用和类似用途直流插头插座 第 2 部分：型式尺寸》GB/T 42710.2—2023
	团标	《民用建筑直流配电设计标准》T/CABEE 030—2022
		《建筑光储直柔系统评价标准》T/CABEE 055—2023
		《建筑光储直柔系统变换器通用技术条件》T/CABEE 063—2024
在编	国标	《直流电能计量器具检定系统表》
	IEC	IEC SyC/ahG8 LVDC CAG1《Applications for LVDC inside buildings》-SRD（建筑低压直流应用指引）
		IEC TR 63282-101《LVDC systems - Assessment of Technical Requirements for Typical scenarios》（低压直流系统典型应用场景技术导则）
	地标	深圳市《建筑光储直柔工程技术规程》
		深圳市《公共建筑电化学储能系统技术要求》
		上海市《建筑光储直柔系统技术导则》
		四川省《建筑光储直柔系统设计及安装标准图集》
		《民用建筑电化学储能系统技术规程》
		《直流家用和类似用途电器技术要求》
		《直流家用和类似用途电器柔性功能测试方法》
		《直流家用和类似用途电器柔性功能评价》
制订/修订（增加"光储直柔"相关条文）	国标	《零碳建筑技术标准》
		《绿色建筑评价标准》GB/T 50378 局部修订
		《可再生能源建筑应用工程评价标准》GB/T 50801 修订
		《建筑照明设计标准》GB/T 50034—2024
	行标	《民用建筑绿色设计标准》JGJ/T 229 局部修订
	地标	《绿色低碳社区评价标准》DB1331/T037—2023
		《公共建筑节能设计标准》DB11/687 修订

2024 年 1 月，国家标准化管理委员会印发《2024 年国家标准立项指南》，提出的十二项立项重点中，消费品领域鼓励"研制集成家电、母婴家电、宠物家电等新家电标准，制定人机交互、纳米材料、直流技术等新技术新材料与家电融合标准"。新能源领域鼓励"制定新型储能施工验收、设备运行维护、储能系统接入电网、安全管理与应

急处置等标准；完善配电机柜、电气安全等低压配电领域标准”等。随着“十四五”国家重点研发计划 2022 年度项目“建筑机电设备直流化产品研制与示范”（2022 YFC 3802500）、2023 年度项目“光储直柔建筑直流配电系统关键技术研究与应用”（2023 YFC 3807000）的实施与推进，直流终端电器标准、建筑直流配电系统标准等的编制与发布，将从直流供配电、用电全方位助推“光储直柔”产业生态的进一步完善。

2.2.2 “光储直柔”的产业与生态

“光储直柔”的发展不仅仅是以减碳为抓手，作为建筑及相关行业实现‘双碳’目标的重要支撑技术，同时也带动着相关产业的进步，技术更新。建筑能源转型带来电力供应及消费方式的改变，实现了建筑与电网的柔性交互，改变光伏发电的功率 / 时间关系，将难以消纳的风光发电转变为优质电力。

除了国家政策层面的认可，“光储直柔”产业已得到各行业龙头企业的认可，并从资本与市场的角度予以鼎力支持，研究领域的清华大学、北京交通大学、上海交通大学、西安交通大学、湖南大学、重庆大学等，致力于中国可持续能源发展的公益慈善组织能源基金会，设计领域的深圳市建筑科学研究院、中国建筑科学研究院、中国建筑西南院等，电器厂家格力、海信日立，配电企业正泰、施耐德、ABB，建筑企业太古地产、中海地产、万科等，检测机构的中国质量认证中心、中国家用电器研究院等，众多企 / 事业单位的加码合力推动着“光储直柔”产业生态发展。

“光储直柔”产业的快速发展，虽然有着顶层政策、资金的扶持，但要保证每个项目的落地实施，也离不开制造行业的产品支持，从“光”“储”“直”“柔”4 个方面的产业看：

（1）光伏：[①] 全球已有多个国家提出了“零碳”或“碳中和”的目标，各种可再生能源中，太阳能以其清洁、安全、取之不尽用之不竭等显著优势，已成为发展最快的可再生能源。发展以光伏为代表的可再生能源也成为全球共识，光伏发电在越来越多的国家成为最有竞争力的电源形式，预计全球光伏市场将持续高速增长。根据国际可再生能源机构（IRENA）在《全球能源转型展望》中提出的“1.5℃情景”，到 2030 年，可再生能源装机需要达到 11000GW 以上，其中太阳能光伏发电和风力发电约占新增可再生能源发电能力的 90%。2023 年，全球光伏新增装机超过 390GW，创历史新高。未来，在光伏发电成本持续下降等有利因素的推动下，全球光伏新增装机容量仍将持续增长。

① 中国光伏行业协会《2023—2024 年中国光伏产业发展路线图》。

我国已将光伏产业列为国家战略性新兴产业之一，在产业政策引导和市场需求驱动的双重作用下，经过十几年的发展，光伏产业已成为我国少有的形成国际竞争优势、实现端到端自主可控，并有望率先成为高质量发展典范的战略性新兴产业，成为推动我国能源变革的重要引擎。目前我国光伏产业在制造业规模、产业化技术水平、应用市场拓展、产业体系建设等方面均位居全球前列，光伏组件的效率也长期位居全球前列，见图 2–3。

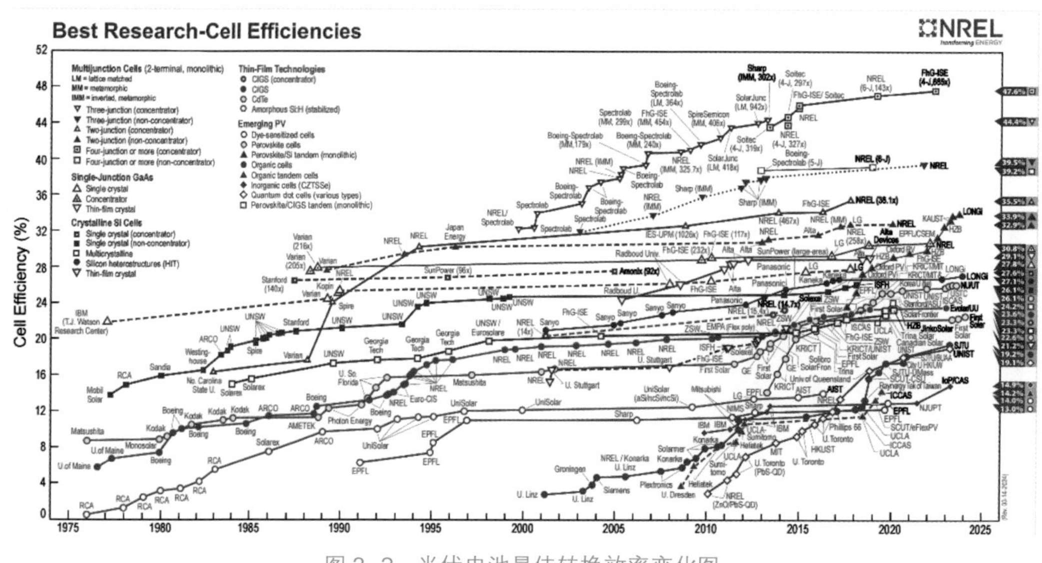

图 2–3　光伏电池最佳转换效率变化图

2023 年，我国光伏新增装机容量 216.88GW，同比增加 148.1%。分布式光伏电站新增装机容量 96.29GW，同比增长 88.4%，占光伏装机总量的 44.4%，户用光伏占到分布式市场约 45.3%，预计未来分布式光伏系统会比光伏电站有更大的发展潜力(图 2–4)。2023 年，全投资模型下光伏发电系统在 1800h、1500h、1200h、1000h 等效利用小时数的 LCOE，分布式光伏系统 LCOE 分别为 0.14 元 /kWh、0.17 元 /kWh、0.21 元 /kWh、0.25 元 /kWh，光伏发电已在全国大部分地区具有经济性。

（2）储能：“光储直柔”的储能布置在用户侧，分为储冷（热）/ 电化学储能两种方式，建筑侧储能主要关注安全、成本及可维护性。早期的建筑储能多以水为媒介，利用水的显热来实现冷 / 热量储存，主要有水蓄冷 (热)，在冷热需求大、需求时间长的场景有较好的经济性，形成了一定的产业规模。通过在建筑内或者附近设置保温储水罐，在电价低谷时，用常规电动冷热水机组制备冷热水，把冷水储存在水罐 (槽) 内；用电高峰时段，将储存的冷 (热) 水给用户供冷（热）。从调研的已建成项目来看，基本能够实现 2~4 年回收投资成本。

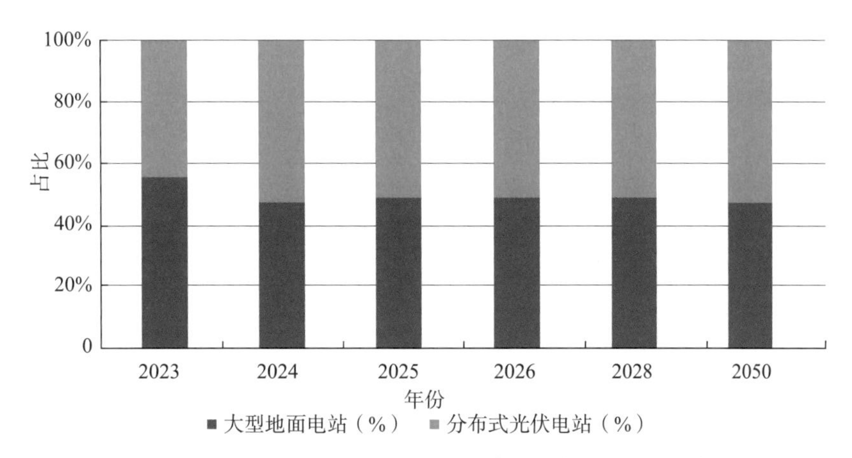

图2-4 2023—2030年地面电站与分布式光伏应用市场变化趋势预测

新型储能系统的发展被技术、市场和资本推动而快速发展，形成了当下的风口产业。受益于电动车的快速发展，各种电化学储能技术的发展尤其快，以2023年底数据为例，锂离子在新型储能装机容量中的占比接近95%①，成为绝对的主导。由于上游原材料的大幅降价，在浙江、广东、江苏等地已经出现工商业储能投资机会和市场，也促进建筑电化学储能的应用。

由于建筑储能受场地与应用场景的限制，暂时未有大规模发展。目前进入建筑内的主要以改性铅电池和水系电池等高安全的产品为主，锂离子（钠离子）电池暂时因为安全顾虑普遍放置在建筑外。待产品安全性问题解决后，借助建筑内既有的温度控制和消防措施，建筑电化学储能的成本会进一步降低，容量会增大，将能够显著提升建筑内的功率和电量调节能力，更具有经济性。CNESA预计中国未来5年，年度新增储能装机呈平稳上升趋势，年平均新增储能装机为16.8~25.1GW。参考欧美家用储能和工商业储能市场，预计全球户用储能年均需求增速超60%，2025年新增装机需求达到48GWh。建筑电化学储能市场前景非常好。

（3）直流供配电：直流供电电源中，包括AC/DC和DC/DC。AC/DC用于实现与电网的柔性交互，需要双向交互的可以选用AC/DC；DC/DC主要有光伏控制器和储能控制器，光伏主要采用单向非隔离，实现高效的光伏发电功率转换。储能为双向变换器，能够快速实现充放电的切换。光伏并网发电和储能调峰调频大规模发展，常规的AC/DC和DC/DC比较成熟，组成一个典型的直流微电网具有一定的经济性。随着光伏系统的市场规模扩大和关键器件国产化率提升，各类AC/DC和DC/DC控制器的成本将进一步降低，功能将更加丰富，包括电弧在线检测、绝缘监测、短路保护等，最终降低用户

① 中国能源研究会《储能产业研究白皮书2023》。

的综合成本。直流配电装置中，直流断路器发展较快，受益于直流灭弧技术的发展，每位直流断路器分断电压快速提高，2 位断路器的分断电压已经到了 1500V，相较于 5 年前，分断电压翻倍，为光伏及储能直流系统的电压提升到 2000V 提供了器件支撑，进一步提高了系统效率。双向电流的断路器开发成功，简化了低压直流配电方案。在“光储直柔”系统中，配电常用的电压等级 375V 和 750V，已经实现与交流相同的微断尺寸，电箱空间较几年前大幅减小。

新能源受制于自然条件，相较于传统火力发电和水力发电设备，年有效发电小时短，尤其是光伏发电，南方地区的平均年小时利用数不足 1100h，小于水电的一半，火电的三分之一，造成装机量占比高、发电量占比低。但是直流供配电设备的功率与装机量相关，装机功率将大幅增加相关变换设备和配电设备的使用量，设备的使用小时数降低，也带来设备参数要求的变化。由于新能源发电的波动性、间歇性和随机性，需要主动配置储能装置，又增加了直流供配电产品的需求，光伏发电造成的功率洪峰，还将影响供配电设备的最大功率和数量。可预测的光伏及储能装机量增加，未来一段时间的交直流混合微电网共存，将创造一个巨大的直流供配电设备市场，提供更多产业发展机会。

2023 年国家能源局发布的数据显示，太阳能发电装机容量约 6.1 亿 kW，同比增长 55.2%，电力行业设备增速最高，见表 2–3。光伏设备利用小时数 1286h，同比减少 54h。全国 6000kW 及以上电厂发电设备累计平均利用 3592h，比上年同期减少 101h，设备总利用小时数需要增加。

2023 年全国发电装机容量数据 **表 2–3**

指标名称	单位	全年累计	同比增长（%）
全国发电装机容量	万 kWh	291965	13.9
火电装机容量	万 kWh	139032	4.1
太阳能发电装机容量	万 kWh	60949	55.2

IRENA 的年度报告《2024 年可再生能源容量统计报告》（Renewable Capacity Statistics 2024），2023 年全球可再生能源新增装机容量达到 473GW，占新增电力总装机容量的 86%，累计达到 3.87TW。其中，太阳能光伏装机容量新增 345.5GW，占同期可再生能源装机容量的 73%，全球光伏累计装机容量达到 1.42TW。显然巨大的装机容量必将带动直流变换器和直流配电保护市场的发展。

（4）柔性控制：“光储直柔”的目标是实现建筑与电网能源的柔性交互，实现用户电力能源综合成本降低，前述的光伏、储能、直流最终都是为了实现柔性。不同于封闭的综合能源管理系统，直流柔性控制系统将使用开放式架构，接入直流系统的设备都将具备自律控制能力，无须在设备间采用通信控制，简化用户的维护和设备之间的兼容。在与电力交互的 AC/DC 处，采用与云端通信的控制装置，用于调整直流母线的电压值，间接控制系统总功率，如图 2–5 所示。

直流母线的电压值，携带了功率信息、控制信息及价格信息，通过改变直流母线的电压值，实现设备功率的自动实时调整。柔性控制软件可以按照峰谷套利、光伏优先、低碳运行等多种策略，由用户自由选择运行，且支持软件升级。柔性控制系统软件目前处于探索验证升级阶段，做能源监控和综合能源管理的公司都有相关产品，但是标准化的产品还较少，造成价格较高，尤其对示范性小项目而言，控制软件费用占比更高，随着更多项目的实施，标准化的硬件产品平台搭配用户自定义策略软件的出现，将大幅降低柔性控制系统的价格，给用户带来更具经济性的方案及产品。

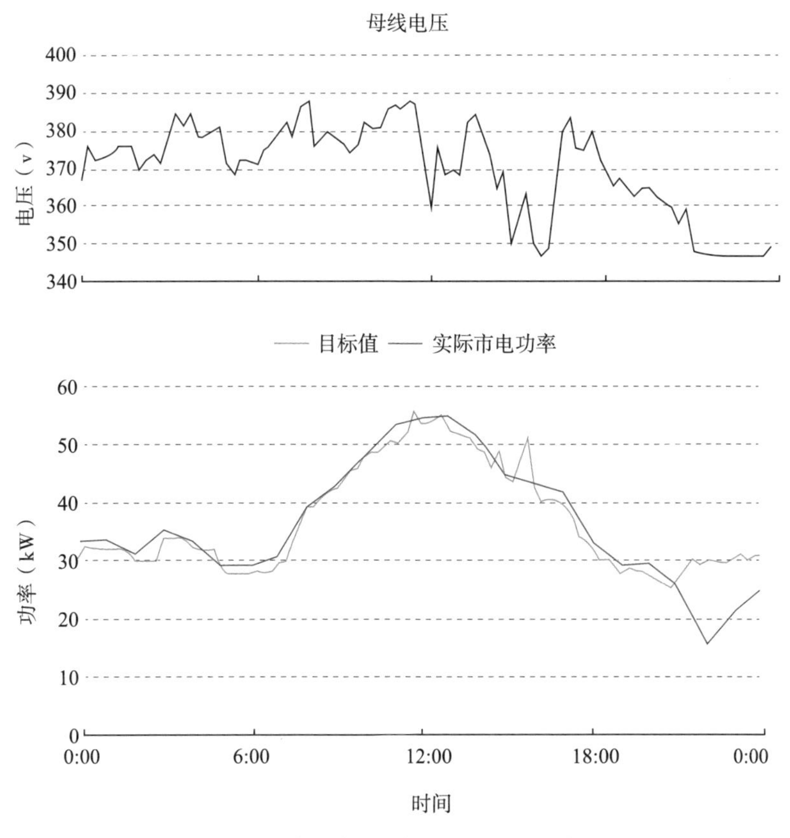

图 2–5　直流母线电压控制下的电网柔性取电

2.2.3 “光储直柔”的实践与工程

“光储直柔”提出前，光伏发电、储能及直流供配电技术已经发展有相当长时间，符合直流微电网功能的技术和设备已经比较成熟。从 2013 年开始，零星的直流微电网示范项目展现在大众的视野下，拉开了对“直流”“零碳”探索与验证的历史大幕。2021 年国务院《2030 年前碳达峰行动方案》中提出建设“光储直柔”建筑要求之后，2022 年项目开工量快速增长，从开工面积和项目金额也可以印证，如图 2–6 所示。得益于国家政策的鼓励和行业的宣传，更多人开始关注“光储直柔”项目和工程。

近几年“光储直柔”(直流微电网)逐步走出萌芽示范，渐入工程应用的推广阶段。

通过对中国建筑节能协会光储直柔专业委员会（以下简称光储直柔专委会）前期跟踪的 217 个“光储直柔”工程（不含海外）调研的分析，最开始的项目主要以公建类示范为主，其目的是为研究分布式光伏发电的高效利用而建设的直流微电网系统，通过安装光伏、储能、直流配电和简单的直流负载，用于验证直流供电的可行性和微电网的稳定性。而随着研究和实践的深入，加之部分地区开始出现光伏发电并网难的问题，提出了“光储直柔”技术，应用场景逐渐丰富，包括公建、住宅、农村、高速服务区、零碳产业园区、工业园、“一带一路”离网场景等多种类型，面积从 100 m^2 到 18.8 万 m^2，直流负荷的类型从直流照明单一产品到全直流产品，呈现出欣欣向荣的趋势（图 2–6）。

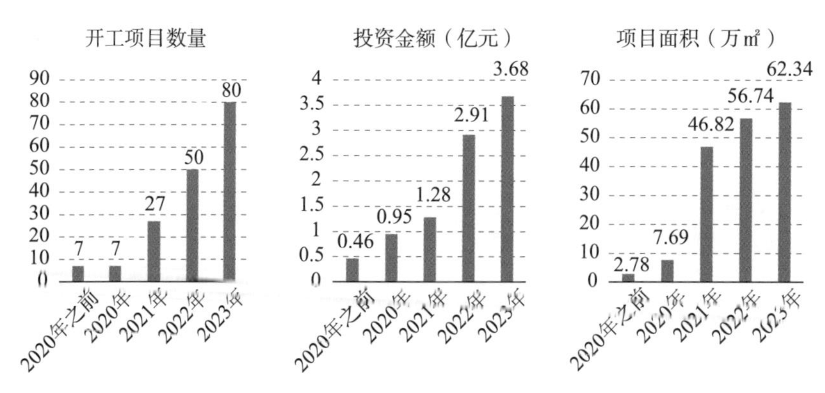

图 2–6 “光储直柔”项目信息统计

从“光储直柔”工程建设目的看，柔性价值可通过建筑在峰谷尖平电价机制下进行负荷调节实现。目前真正做到柔性目标的项目约占 40%，各地都在探索零碳建筑的商业化可持续发展路径，包括建筑节能降费、电价峰谷套利、碳足迹认证，也有部分参与电网侧的电力辅助服务市场和虚拟电厂服务等。建筑通过零碳用电实现产业转型升级，通过提升建筑能效和降低运行费用来提升价值，影响产业决策。

第3章

随风势涨，“光储直柔”从技术到商用助力产业升级

3.1 “光储直柔”的价值落地

在新旧能源转型的过程中，电功率供需矛盾叠加时间供需矛盾，给社会带来了很大的消纳成本，新能源“发电便宜用电贵”的局面急需创新的解决技术和方案。主要面对的问题包括光伏及风力装机量增加，建筑能源电气化率的提升，增加了供用电的双波动性。以南方电网的数据为例，电网调度的预测准确率从传统电厂的98%，降低到目前的日前准确率85%、日内滚动准确率92%的新低，随着更大规模的新能源发电机组并网，负荷预测准确率进一步降低，电网调度的难度将进一步增加。为了应对未来的变化，需要发展新型电力系统，发展智能分布式微电网，增加新能源发电的储存，平抑新能源发电的波动幅度，提高新能源发电的电能质量，而直流化将以更优的技术经济性解决上述问题，体现“光储直柔”的价值。“光储直柔”综合性的试验项目和示范项目的涌出，让构思中的优势落实到实际项目中来。

随着源荷直流趋势的变化，以及直流供电在智能化分布式微电网的天然优势，采用直流配电取消了直流设备与配电网之间的直交直变换环节，提高用电效率；开放配用电系统对电压、频率、无功功率补偿的限制，简化控制，提高电能质量；更快速地运行电流及功率控制，精准实现荷随源动、源荷互动，可以实现在更短时间内抑制电网波动及更快的过流保护，更适应光伏发电的特点。相对于交流配用电方式，直流配用电能够提高能源利用效率、减少元器件数量、提高产品的可靠性，并最终促成综合成本下降，体现直流配电的优势。

“光储直柔”的经济价值主要体现在如下几个方面：

（1）降低用户成本

通过柔性调节可控负荷的实时功率，减少尖峰电价时的功率消耗量，再配合储能系统的峰谷套利，以深圳建科院未来大厦 R3 栋“光储直柔”系统 2023 年的运行数据为例，年度建筑综合用电成本为 0.282 元 /kWh，如图 3–1 所示，通过运行策略优化还能降低。

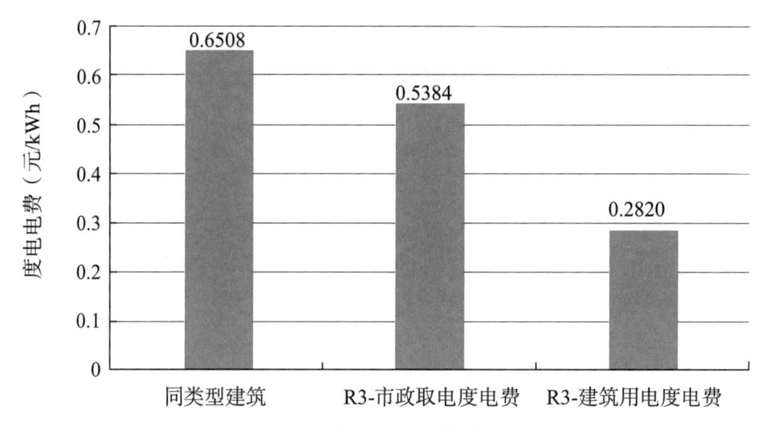

图 3–1　未来大厦 R3 栋度电费用

在接入“光储直柔”系统以后，通过储能和柔性控制，实现光伏发电的直接消纳，减少弃光率；通过控制系统的峰值功率，降低交流系统的峰值功率，减少变压器的配电容量；通过直流供电，将原来的五芯电缆改为三芯电缆，供电电压由 AC 380V 改为 DC 750V，单芯载流量提升，可以减少电缆的材料费用；对于全直流供电系统，AC/DC 的功率因素基本为 99%，可以取消补偿柜；光伏发电直接接入直流母线，可以取消并网柜；“光储直柔”系统自带储能电池，可以取消后备电池柜，提高供电系统可靠性。减少的工程费用，最终分摊到用户的度电成本上的费用也会减少，更好的体现经济性。

（2）增加电网投资收益

根据深圳电网的数据和计算，假设延续近年增速到“十四五”末期，深圳市建筑用电峰值负荷将达 2500 万 kW，如果通过发展“光储直柔”新型建筑配用电系统削减 50% 的建筑用电峰值，则可以减少电网投资 50 亿 ~ 60 亿元。

以一年 8760h 为基数，从图 3–2 可以看出，年度 1% 尖峰负荷累计时间 3.7h，占比 0.04%；年度 5% 尖峰负荷累计 33.9h，占比 0.39%；年度 10% 尖峰负荷累计 142.3h，占比 1.62%。以深圳市大型公建能耗监测平台统计数据为例，办公、商业、学校、宾馆等类型的建筑面积与公共建筑的占比达 94%，在没有增加储能的条件下，2020 年全市 4 类建筑的夏季峰值负荷已超 4000MW，可调节潜力超 1000MW；作为参考，大亚湾核电基地的装机容量为 6120MW，简单计算，深圳一地的建筑可调潜力相当于大亚湾核电基地发电量的 16%，相当于节约了 1/6 个大亚湾核电基地的投资成本。

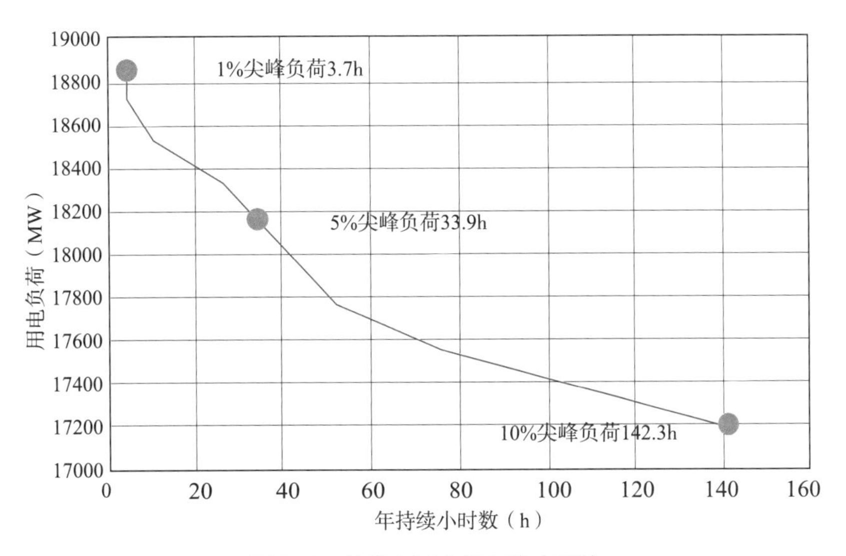

图3–2　某地电网尖峰负荷小时数

（3）老旧建筑/小区配电扩容

随着建筑能源电气化率的提高和电动车的快速普及，导致很多老旧小区的配电容量不足。目前建筑入口的供电容量是建筑最大负荷时的容量，建筑的年用电量与入口配电功率之比一般在500~1800 h，即建筑变压器的年平均负荷率仅为6%~20%，可以看出现有的配电系统缺少的主要是功率而不是电量，需要扩容的是功率，这为“光储直柔”技术解决动态扩容提供了硬件基础。通过增加分布式光伏发电、配置一定数量的储能设备、增加柔性控制装置，实现不同应用场景的变压器台区互联互济；通过提高台区变压器的年利用小时数，实现小区容量的动态扩容，示意图见图3–3。对于接入小区配电网络的电动车而言，按照常规的纯电车辆100kWh/台计算，30%的可放电容量就是30kWh，而现在每个家庭每天高峰平均用电量还不需要30kWh，如果每台车能够停车即接入充电网，电量富余时充电、电量不足时放电，实现电动车与建筑的实时互动，则能够以更经济的方式等效实现老旧建筑或小区的配电扩容，降低扩容所需的社会成本。

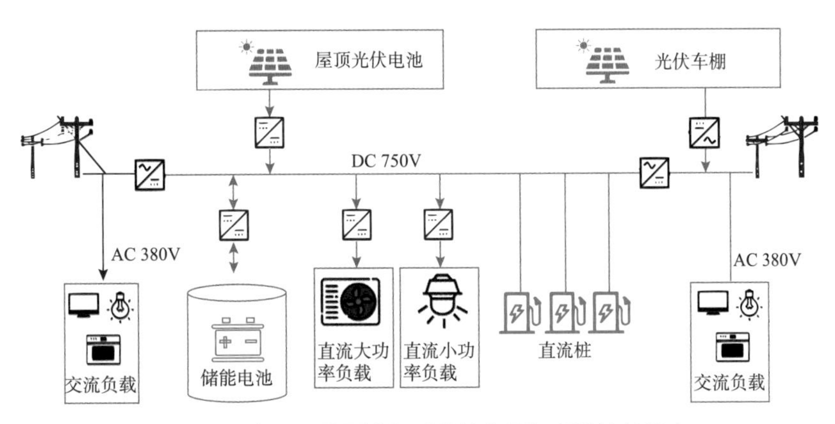

图3–3　台区互联互济和“光储直柔”实现等效扩容

（4）提高孤网供电保障能力

“光储直柔”可以离网运行，可靠工作在孤网模式，替代柴油发电机和 UPS 的功能。此能力可用于保障建筑关键电力需求以及边远无市电网络的供电需求，降低完全离网地区供电的备用柴发运行费用，提高无电地区能源供应保障能力。在电网覆盖困难的区域，仅靠柴油发电机组，能源供应成本高，环境噪声和污染都较大，安装“光储直柔”系统后，可以降低柴油消耗，节约供能成本。

以马尔代夫近 200 个居民岛主要依靠柴油发电机供电为例，系统拓扑如图 3–4 所示，改造前仅靠柴油发电机组供电成本高接近 2.14 元 /kWh，噪声和排放污染大。依托光储微电网加柴油发动机备用，柴油消耗降低 28%~44%，度电成本由 2.14 元 /kWh 降低至 1.56 元 /kWh (部分时段低至 0.75 元 /kWh)，还降低了燃油消耗和污染物排放。

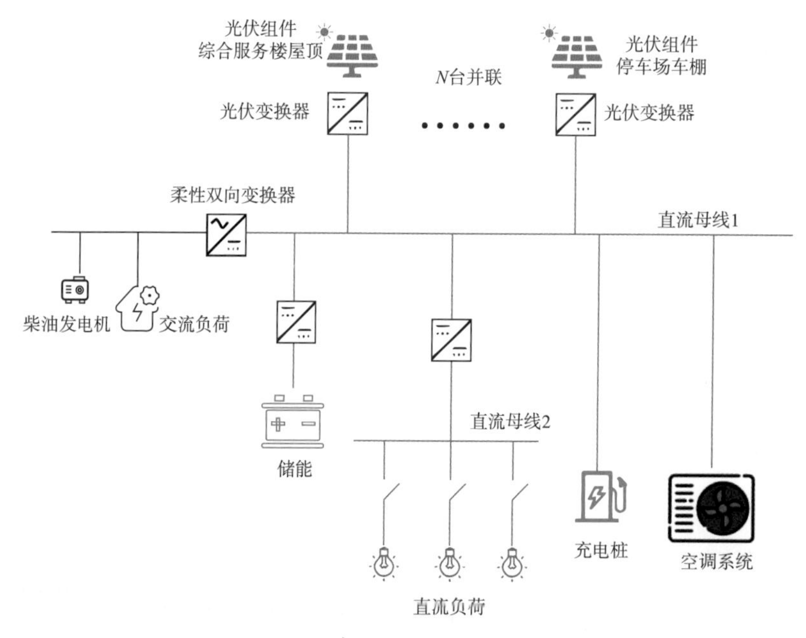

图 3–4　离网“光储直柔”系统

（5）提高光伏 / 风力发电消纳能力

截至 2023 年底，我国太阳能发电装机容量约 6.1 亿 kW，风电装机容量约 4.4 亿 kW，风光发电装机量占比约 36%，风光发电正快速进入 TW 时代。同时，电网取消新能源发电 95% 消纳红线，将带动更多的新能源装机量，而发电收益的一部分是保障性收购的“保量保价”电量，另一部分是参与电力市场化交易的电量，新能源发电的收益无法保证。按照 6% 的弃光弃风发电量计算，每年少发约 1 千亿 kWh 电能，相当于每年浪费一个三峡水电站。通过规模化用户侧的“光储直柔”技术方案，降低弃风弃光比例。

“光储直柔”是调度各方资源，以较低成本助力新型零碳建筑的有效途径，也是实现建筑零碳化可采用的有效措施，其优势明显，能有效破解新型的零碳电力系统要大规模发展光电所面临的光伏发电安装空间与高消纳成本两大难题。

3.2 “光储直柔”可应用场景升级

就单项技术而言，“光”“储”“直”“柔”已分别有大量研究，与各种场景相结合的探索也不少，例如光伏与建筑相结合的设计、采用低压直流配用电系统的各种场景等都能在国内找到不少示范及应用工程。将“光储直柔”技术有机融合并集成示范的项目还不多，但这也是未来的发展趋势。

作为新能源领域的优势消纳技术，“光储直柔”系统具有较为广阔的市场前景。不同的行业领域有不同的路径措施，具体而言，“光储直柔”可在以下行业场景实现与推广应用。

3.2.1 建筑领域

太阳能光伏具有能量密度低、分布分散、占地面积多的特点，因此分布式光伏是太阳能利用发展的重要形式，如早期的太阳能热水器。建筑屋顶以及可能接收到足够多的太阳辐射的建筑垂直表面，都将成为安装太阳能光伏的最佳场景。粗略估算我国民用建筑屋顶可安装光伏的表面面积超过100亿m^2，年发电量可达2万亿kWh。用好建筑屋顶及外表面，使其成为建筑用电的主要来源，将成为建筑节能的新途径。国务院《2030年前碳达峰行动方案》的“城乡建设碳达峰行动”提出建设集光伏发电、储能、直流配电、柔性用电于一体的光储直柔建筑。

《中国电气化年度发展报告2022》显示，我国建筑电气化率44.9%，较2021年提高0.8个百分点，同比增幅在主要部门中最大；建筑供暖供冷与生活消费领域替代电量快速增长，2021年完成替代电量241.1亿kWh，比上年增长约10%，空气源热泵、水源热泵、蓄热电锅炉等新型电采暖设备在现有集中供热管网难以覆盖的区域逐步推广应用。《报告》预计，2023—2025年，由于热泵+蓄能、光伏建筑一体化、电厨炊、智能家电等建筑部门电能替代技术装备应用规模持续扩大，加上“光储直柔”等前沿技术创新应用潜力加速释放，将带动建筑部门电气化率达到51.4%~55.9%；农业农村电气化进程加快推进，农网巩固提升工程深入实施，分布式清洁能源微电网技术应用范围逐步扩大，带动农业与乡村居民生活电气化率达到42.2%~47.6%。随着建筑领域电气化率提升，“光储直柔”改造升级市场潜力巨大。

近 15 年来，太阳能光伏发电设备价格的快速降低，使其具有了很好的性价比与推广应用价值。在城市中应拓展太阳能光伏在建筑立面应用的方式，形成以屋顶光伏为主、立面光伏为辅的应用方案，让每栋建筑可以生产更多的绿色电力。建筑可再生电力能源的高比例渗透，对既有建筑供电系统的安全可靠性构成严峻挑战，构建以“光储直柔”技术为基础的“源网荷储控”一体化模式是应对这一挑战、实现建筑电力系统可持续发展的关键。做好建筑节能，挖掘建筑分布式蓄冷、分布式储电和可调节负荷潜力，提高建筑供配电的灵活性正在逐渐成为建筑节能除能效提升外的新维度。

“光储直柔”系统的建设可以推动城市朝着更加绿色低碳方向发展，可应用在商业建筑、公共建筑等：在商业建筑方面，由于其多为钢筋混凝土屋顶，有利于安装光伏阵列。商业大厦、写字楼等建筑用户的用电负荷特性一般表现为白天较高、夜间较低，这能够较好地匹配光伏发电特性，如图 3–5 所示，对于大多数城市建筑屋顶，可以较好实现自消纳，无须送电上网。在公共建筑方面，例如学校宿舍等具有明显的分时用电特征，因此采用“光储直柔”系统可实现白天进行光伏发电、供电和储能，晚上利用储能进行供电。

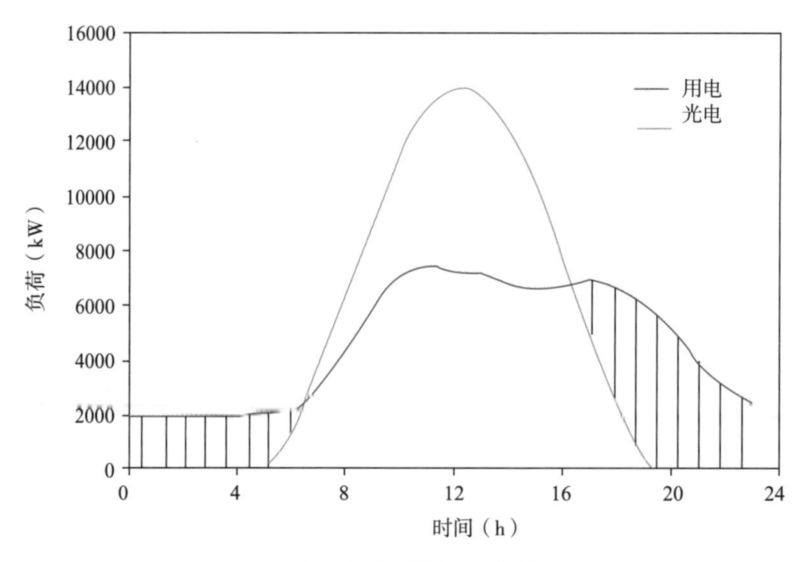

图 3–5　台区互联互济和“光储直柔”

建筑中可利用的储能 / 蓄能手段中，建筑本体围护结构与暖通空调系统联动，可以作为最可靠、最廉价、最容易变现的调节资源；水蓄冷 / 冰蓄冷等蓄冷方式是建筑空调系统中常见的可实现电力移峰填谷的技术手段；建筑周边汽车使用行为研究表明，电动车与建筑之间具有密切联系和高度同步使用性，电动车可视为一种可移动的蓄电池，将是建筑一种重要的可调资源，电动车也将有望成为实现交通 – 建筑 – 电力协同互动（如

V2G/V2B）的重要载体。在充分挖掘建筑自身具有的储能潜力的基础上，再合理设计配置“光储直柔”建筑中所需的化学电池储能容量，既能保证发挥有效的调蓄能力、满足建筑需求，又可适量配储或只利用双向充电桩以免大幅增加系统成本，提高“光储直柔”系统建设的经济性。

以既有建筑深圳设计大厦的“光储直柔”系统改造为例：项目屋顶总面积约 1800 m^2，采用 BIPV 方案，安装 605 Wp 单晶高效组件，容量为 310.97kWp；立体停车库屋顶总面积约 700 m^2，采用 BAPV 集成方案，安装 605Wp 单晶高效组件，容量为 68.97kWp；项目光伏总装机容量 380kWp，年均发电量约 40 万 kWh，完成效果见图 3-6。项目涵盖光储融合、智能群控、聚合调度与交易等先进技术，与园区驾驶舱、深燃智慧能源中台融合，做到全场景智慧化与精细化，保障项目交直流混合系统的稳定、灵活运转。

图 3-6　深圳设计大厦项目实景

项目效益：

（1）项目通过柔性控制能量利用率提高 6%~8%，项目可再生能源利用率达到 8% 以上，可满足设计大厦近零能耗建筑要求。年均减碳量约 315t，全运营周期减碳量约 7875t。

（2）项目通过优化系统设计，省去逆变器，变压器等设备，节省设备初投资约10%，项目每年可为设计大厦节省 39.11 万 kWh 电能，全运营周期节省电量约 977 万 kWh。

（3）“光储直柔”技术可以降低对传统能源的依赖，提高建筑能源的自主性和可靠性，优化电力使用，保障供电安全。

（4）本项目的建设和运营需要大量的人力资源，可以创造就业机会，提升当地经济发展水平。

3.2.2　交通领域

交通运输部发布《中共中央国务院关于完整准确全面贯彻新发展理念做好碳达峰碳中和的工作的意见》的实施意见中指出以交通运输全面绿色低碳转型为引领，加快形成绿色低碳交通运输方式，加快推进低碳交通运输体系建设，让交通更加环保。

“光储直柔”系统不仅可以实现电动车的清洁、可再生能源供应，提高能源的利用效率和可靠性，解决电动车充电和储能方面的问题，推动电动车的普及和发展，还可以依托服务区、互通区、路侧闲置土地等建设条件，结合用能需求，进行就近开发，自发自用、余电上网，提升路域清洁能源开发价值。

以服务区为例，服务区“光储直柔”系统集光伏发电、储能、直流配电、快速充电、换电、柔性用电于一体，采用基于多能互补优化控制技术，实现各微电网中多类型供能端与差异化用能端的协同与调配，充分利用分布式新能源技术，构建“源－网－荷－储”设备智能、供需分散、协调发展、集成互补的交通能源供给新模式，实现能源生产、传输、使用各环节的绿色低碳化；基于“光伏＋储能”与电网的协同运行模式，打造应急电源体系，在减少传统柴油发电机化石燃料使用的同时，实现重要负荷设备的安全、稳定、可靠运行。推进交通网、能源网和互联网协同融合，为低碳、绿色、环保的智能交通提供绿色、可靠的动力。交通站场常见的应用设计如下：

（1）屋顶光伏、车棚光伏通过光伏直流变换器接入 DC 750V 母线，服务区两侧的备用电源分别采用储能单元和柴油发电机，其中储能单元通过双向储能变换器接入 DC 750V 母线，柴油发电机通过柔性双向变换器与 DC 750V 母线连接。

（2）服务区两侧的直流发电系统分别通过柔性双向变换器连接至各自侧的并网变压器，并通过母联开关实现台区互联互济，减少备用机组数量和容量，实现柴油发电机组及储能共享，“源网荷储”功率互济。常见的高速公路服务区为对称设计，可以根据双向高速公路车辆运行规律和节假日时间单侧车流量大的特性，在不增加供电容量的情况下，可以实现单侧更大的充电功率。

（3）直流负荷按电压等级确定接入方式，空调、充电桩等直接与DC 750V母线连接，照明等低电压等级直流负荷连接至DC 375V母线。

在采用“光储直柔”低压直流配电网接入后，直流配电网的建设成本可以直接体现为消纳成本。此外，由于直流配电网和现有交流电网独立，建设光伏的时候可以不影响正常供电，缩短项目建设周期。

“光储充”系统方面，基于“光储直柔”模式的“光储充一体”将有效节约有限的土地资源，通过能量存储和优化配置，实现本地能源生产与用能负荷基本平衡，可根据需要与公共电网灵活互动且相对独立运行，尽可能地使用新能源，缓解充电桩用电对电网的冲击；在能耗方面，直接使用储能电池给动力电池充电，提高能源转换效率。负荷直流化将使得“光储直柔”模式在系统设计、运行控制以及提升能效等方面展示出更大的优势。系统设计方面，负荷的直流化将使得“光储直柔”的自发自用效果更加明显，分布式电源可在系统内部实现消纳，配电变压器容量将不再成为分布式发电容量的限制因素。运行控制方面，直流系统的灵活度更高，配合直流负荷的需求响应，运行控制的柔性度将进一步提升。能效提升方面，由于省去了整流环节，系统及负荷的运行效率都将得到一定程度提高。

通过基于“光储直柔”模式的“光储充一体”化充电桩的建设，打造为电动车提供安全、方便、有序服务的充电网络；利用“光储直柔”柔性调节的特点，实现“光储充”协同调度以及对于电网建设需求的降容增效，提升光伏发电自消纳比例，满足清洁电力、充电网络和交通基础设施的智能融合需求，构建大规模应用清洁可再生能源的交通用能新模式，全面助力交能融合的创新发展。

除此以外，“光储直柔”还可实现交通领域以下场景的应用，如图3-7所示：

图3-7　高速服务区光伏边坡和光伏车棚

（1）光伏车棚场景：停车场光伏车棚，既可节省车棚用钢量，又可增加车棚美观度，车棚光伏发的电以直流形式直供给充电桩，减少传统充电桩升压整流环节，提高用电能效。

（2）充换电站场景：相比较传统的充换电站模式，通过柔性解决充电桩加装扩容难题，光伏直充换电站模式具有同等条件下最大利用可再生能源、供电容量更大、供电半径更长、运行效率更高、供电电能质量好、不存在无功补偿问题、可闭环运行等优势。

（3）光伏边坡场景：美化环境、增加照明、实现绿色用能、降低碳排放；遮挡高温日照，直接降低道路热岛效应。

以山东高速济南东零碳服务区建设为例，建设完成情况见图 3-8。服务站光伏装机容量 3.2MWp，储能系统 1MW/3.2MWh，建设区域为屋顶、车位、边坡。项目立足安全、高效的原则，综合考虑项目技术先进示范性和实际经济效益，通过打造交直流混合微网系统解决方案，实现交通服务站场的零碳。该系统采用高速直流能量通道，有效提升绿电直接利用率 5%；通过高效电力电子控制技术，实现电能双向互动，车网、电网的友好互动；利用智慧能量管理系统，对内统一管理光、储、充等新能源元素，对外积极响应电网调度。

图 3–8　济南东服务区交通站场

3.2.3 农村能源领域

在“双碳”目标下，农村能源革命与乡村振兴的结合是推动农村可持续发展的重要途径。农村地区拥有可观的建筑屋顶和丰富的可用太阳能资源，通过推广和应用“光储直柔”技术，可以实现用户能源自给自足，多出的电力返销电网，提高农村能源利用效率，降低能源消耗和碳排放，这是实现“双碳”目标的重要手段之一。农村能源革命可以带动农村经济的发展，提高农民生活水平。例如，新能源产业的发展可以创造更多的就业机会，自发自用减少能源支出费用，多出的电力可以销售给电网，提高农民的收入水平。此外，新能源技术的应用也可以改善农村的生态环境，提升农村的生活质量。

以运城在运营的100个自然村项目为例。安装在村民屋顶的光伏板发电，通过直来电直接输送给DC 750V直流配电网，DC 750V直流配电网通过柔性双向变换器、配电变压器接入10 kV交流配电网。户与户之间通过DC 750V直流配电网互联，用户通过户用变换器转换为低压直流电供用户使用。光伏发电优先在低压直流配电网流动，不足或多余部分通过集中并网点与交流网交互，始终保持新能源的最大化就地利用和消纳。

该项目实现了在AC 400V侧超过40MW分布式光伏的接入，解决传统超过400kW装机容量必须接入10kV等级电网的限制，降低了分布式光伏的接入门槛，减少了10kV并网设备的投资和工程。DC 750V的配电网，降低了传统户用分布式光伏通过AC 400V接入造成的线损；台区互联，实现了不同负载率台区变压器的功率互济互备，提升了配电资产的利用率和供电可靠性。可控的柔性双向变换器还消除了分布式光伏接入低压配网的电能质量问题。该“光储直柔”项目因其农村应用突破性成果，2023年4月24日，被全球环境基金会、联合国开发计划署和农业农村部联合授予“中国零碳村镇项目示范村”；2023年12月7日，第28届联合国气候变化大会（COP28）授予芮城县庄上村的“光储直柔”新型农村配电系统荣获“能源转型变革者”奖项。

以汾西县段村搭建村级“光储直柔”微网项目为例，完成效果见图3-9，村内分布式光伏通过4台630kVA的柔性双向变换器在台区低压侧并网，每个台变下配置280kWh储能，通过80kW的储能双向变换器控制储能的充放电功率，同时4个台区变压器通过直流互联箱实现台区之间的功率互济。围绕“源网荷储”高效运行，计划以台区为单位构建自治单元，高压引入交流大电网支撑，低压实施直流柔性互联。其中，光伏、储能均采用直流接网，融合双向直流充电技术实现光–储–荷（如电动农机用具、电动车、直流热泵、直流家电等）能量无损流动、自治平衡。建设微网调控数据平台，融合主动抢修、台区自愈、容灾备份等数字化手段，打造农村用能服务管理新模式。

图 3-9　段村“光储直柔”微网项目

3.2.4　工业“双碳”领域

随着全球气候变化的加剧，各国都在努力减少碳排放，以减缓气候变化的影响。在工业领域，由于其是全球碳排放的主要来源之一，因此实现工业“双碳”的目标尤为重要。而随着社会对能源和环境问题的关注度不断提高，电压暂降和低碳的结合成为推动能源和电力系统发展的重要驱动力。

为顺应能源转型发展趋势，响应国家综合能源发展要求，通过建设多能互补的园区综合能源系统，提升园区整体能效，降低园区的综合用电成本，同时实现园区减碳。结合园区内用能和外部供能的峰谷特性，通过储能系统的双向调节能力，充分利用园区内的可再生资源以及统一管理优势，做好用电规划和计划，平滑园区整体用能曲线，调节园区与外部的功率交换，整合园区内冷－热－电供应系统，为用户提供高效可靠的能源供应，使园区能源系统能够在满足用户用能需求、兼顾经济效益的同时，对区域综合能源系统起到响应和支撑的作用，实现工业减碳的目标。

利用“光储直柔”系统还可以满足电压暂降治理的要求。由于“光储直柔”系统具有高可靠性的特点，通过低压直流配电系统或交直流混合供电系统，可实现工业园区敏感负荷的不间断供电。并且由于工业厂房具有屋顶面积大、平整开阔的特点，可充分利用屋顶空间安装分布式光伏发电系统，减少工业生产的电能计费，降低工业生产的用电成本支出，缓解工业用电的紧张局面。

工业园区的普遍特点是占地面积大，屋顶承重有限，用电量大且电价高，多采用“峰谷平”电价，电价的日波动范围大。目前多个省份已经采取日间双高峰电价的方案，具备较佳的光储直柔改造升级和经济回报潜力；用电负荷管理良好，可以根据供电特点灵活计划用电功率，部分设备具有可延时、可中断的能力，通过储能和负荷协同调度，为柔性控制提供了很好的基础。为构建园区绿色低碳用能模式，引导用户绿色低碳用能，降低园区内生产、办公、出行和运输相关能耗，通过在厂房屋顶铺设多类型的太阳能光伏发电系统，配置多个分布式储能和柔性负荷调节装置，采用交直流混合微电网供电方式，实现工业园区的减碳降费。在峰谷电价差大的浙江、江苏和广东地区，已经有相对成熟的工商业光储投资模式，如园区内用户可认购一定容量的光伏或储能，自行选择使用光伏发电、储能来电或电网来电，也可选择将对应电量供给园区内其他用户，通过设计合理的园区能源交易机制，实现能源供应商、园区运营方和用户之间的能源数据共享，打造园区能源信息区块链，发掘用能数据价值，为用户优化能源供应方案和商业模式，最终实现合作多赢的结果。

工业园区的“光储直柔”项目较多，当前采用的多为交直流混合供电模式，以减少投资成本，提高资本收益率。主要做法基本为照明用直流供电，实现部分光伏电量的消纳；空调和充电桩采用直流供电，实现部分光伏发电功率的消纳；多余的电力直接并入厂区交流电网，供各办公生产设备使用。以山东泰开高压开关有限公司的“光储直柔”项目为例，实施效果见图3-10。厂区的“光储直柔”系统依靠建设的10.5MW的光伏，并根据实际用电、发电数据建立台区间直流柔性互联，实现不同台区间的功率转供、资源共享。泰开园区打造的低压台区柔直互联真型试验系统借助该理念，实现3个台区柔性互联。台区之间通过低压直流母线互联，汇集了分布式光伏、储能、交直流负载等元素，实现了低压台区间互济供电、峰谷调电、有序充电、电能质量控制、微网运行控制等功能，达成了“源网荷储”的友好互动，有效提高了配电资产的利用率、提升了供电可靠性，成功解决山东地区传统分布式光伏无法接入及电能质量和运行调度问题，为配电能源互联网建设提供了全新范本。

项目通过一套低压柔性互联装置和电能路由器，将厂内不同的配电室进行柔性互联，可以将不同区域的屋顶光伏发电量进行合理调度，提高利用效率，减少电网用电，增加两条母线用于意外停电时的紧急供电；互联装置内直流端口引出一条DC 750V母线，将新建篮球场屋顶光伏、北侧电动车棚光伏、储能电池、电动车直流快充桩连接起来，统一调配。

项目主要包含互联装置、能量管理系统、光伏系统、储能系统及电动汽车充电桩，其中低压互联装置直流端口与两交流端口的容量均为 0.5MW，连接 1MW 光伏（北侧电动车棚光伏 730kW，篮球场光伏 270kW），0.5MWh/1MWh 的储能电池，1 套 150kW 的直流充电桩和者 1 套 120kW 的 V2G 直流充电桩。实现了园区电力供应零碳化、可靠化、柔性化、智慧化，并支撑了公司的产品研发、试验验证和数据采集，具备推广价值。

图 3–10　山东泰开高压开关厂“光储直柔”项目

3.2.5　市政照明领域

市政照明的耗电量大，规律性强，对产品寿命及环境安全要求高，直流供电具有明显优势。以厂家提供的数据为例，采用在直流集中供电的 LED 市政照明（隧道）系统，其综合成本降低了 30%，具备很好的经济性，尤其在做 EMC 合同能源管理的项目中。将直流供电系统应用在路灯工程当中，可以较大程度地提高 LED 照明系统的安全性和可靠性，大大降低路灯运行维护成本，并且相较于交流电，将直流电应用在市政系统中，符合我国低碳的发展要求。

将市政路灯（含隧道灯）改为直流供电，灯具生产所需的元器件减少，降低了灯具的物料成本；交流电源输入时为应对交流正弦波电压脉动设置的大容量滤波电解电容，容易受灯具在室外环境中温度冲击的影响，造成电解电容疲劳损坏，影响灯具质量，采用直流供电后，可以采用小电解电容或无电解电容的产品设计方案，增加灯具寿命；LED 模块寿命根据实验室数据推算最长可达到 10 年以上，而模块中的驱动电源寿命受各种因素影响只有不到一半的年限，因此在 LED 路灯的全过程生命周期中必定会更换一次驱动电源。在选择直流供电系统以后，LED模块中的AC/DC+DC/DC变成简单的DC/DC，并且电源端也可以摈弃寿命很短的滤波电解电容，使得LED路灯在全过程生命周期内无须更换，极大地降低了灯具维护成本，提高了路灯项目的投资收益。

直流供电多采用IT供电方案，配置绝缘设备，能够实时监测线路的绝缘变化情况，对于供电回路被水淹或者线路断开接地，有更短的保护时间，供电更安全。由于路灯输电线路对地分布电容，该电容受外部环境影响会导致交流电产生漏电电流，严重影响设备使用安全性，相反直流电不会因为分布电容产生漏电电流，也没有交流系统中漏电电流的方向问题，因此能够准确检测漏电电流，并设定漏电保护定值，极大地提高了设备安全性。

相对于交流供电系统，直流系统中没有功率因素的问题，在线路终端路灯侧不用考虑无功补偿或校正功率因素等问题。采用特定的编码通信实现电力载波通信，或者直接用直流电压的波动传输功率调整信号，利用直流输电线缆实现信号的可靠传输，DC-DC驱动电源内置通信单元，无需单灯控制器，大大简化了供电系统。DC 375V供电电压较AC 220V电压高，单位面积的载流量更大，可以节省电缆设备，或者提升原电缆的供电能力；也可用于拓展其他用途，尤其是市政照明，基本采用专用变压器且晚上才输出功率，供电变压器利用小时数低，在电动车迅速普及的当下，可以考虑白天用于给充电站供电，提高设备利用率。为了更简洁的应用直流供电，已有厂家采用中压10kV交流整流降压变成 ±DC 375V直流，直接用于照明及充电桩等设备供电，进一步提高电源利用效率和设备利用小时数。

以DC 375V供电结合光伏等可再生能源发电系统，搭配储能系统应用，可直接取代传统AC 220V，有效降低电力转换损耗。隧道照明应用场景中，所需的灯具亮度与外界环境的亮度正相关，当外部光照强烈，往往太阳能发电能力强，为了保证开车安全，隧道入口的灯光功率要最大；阴雨天或者晚上外部光照强度弱，光伏供电能力弱，隧道入口的灯具亮度也可以适当调暗，除了节省用电功率，还能减少隧道照明亮度对驾驶员眼睛的刺激，增加安全性。

以上海三思的济青中线济潍段隧道项目为例，见图3-11，项目在光伏棚洞上设置光伏发电系统，设置为光伏直流电源直供隧道照明灯具，节省隧道后期运营费用，提高光伏发电利用效率。结合太阳能发电和治理供电，打造了可靠、高效、安全、低使用成本的终端灯具用电环境。项目采用DC 400V直流集中供电技术，在LED照明灯具内部安装1个DC/DC恒流电源，将输入直流电转换为所需的恒流电流；直流母线电压采用悬浮系统（隔离）供电，直流母线对地无电位差，人或动物触摸直流电源的任何一极（正极或负极）都不会形成电流回路，当单极（正极或负极）发生漏电时，由于直流供电线路正负极与大地隔离不导通，因此漏电点无法通过人体与大地形成回路，不会发生漏电事故，不会带来触电伤害；隧道洞口棚洞布设光伏发电辅助供电系统，光伏发电系统向照明负载提供电能输出。

本项目隧道加强照明、基本照明、应急照明、引道照明灯具均采用 DC 400V 供电模式。其中，应急照明供电回路由两台引自 EPS 的冗余 400V 直流柜引出。

图 3–11　直流隧道照明项目

3.2.6　其他领域

“光储直柔”具备离并网功能，支持电力供应不稳定和或者无电区域的可靠供电，在多能源互补供电的场景中，由于直流电切换无需等待时间，也适用于用对供电可靠性要求特别高的特殊区域。在供电不便的边远农村、牧区、海岛、高原、边防哨所、偏远矿区、油田、全电动船舰等，还可以用于医院急救室等高要求的直流供电区域。“光储直柔”系统提供了成套的解决平台，相比常规微电网方案，更具有经济性和实用性。

为山西省垣曲县偏远地区的农户安装建设“光伏 + 储能 + 直流用电 + 柔性用电”的户用“光储直柔”离网系统，通过 1.8kWp 光伏，10kWh 储能，风扇、电磁炉、照明等直流负荷的综合调控，实现用能系统的自我调节和柔性功率控制，有效减少电网投资，提高了用户供电可靠性，降低配电线路可能引起的森林火灾隐患和触电风险，实现电力在偏远无电地区的自发自用，具有较大推广应用价值。

位于塔克拉玛干沙漠腹地的塔里木油田偏远单井，在安装“光储直柔”微电网系统后，充分利用光伏发电作为油田主供电设备，柴油发电机仅作为备用电源，大部分时段关停，大大降低油田用能成本。

以江苏省人民医院龙江院区2号楼1楼急诊抢救室改造项目为例，见图3–12，该区域原采用交流双电源供电，并在末端配备不间断电源保障供电。2022年，在直流供电系统不断应用到我们日常生活中各个场景的大环境下，江苏省人民医院（南京医科大学第一附属医院、江苏省妇幼保健院）与国网江苏省电力公司科学研究院开始就建立医疗背景下的直流供电场景不断进行了技术层面的探讨，最终由医院确认将龙江院区2号楼1楼急诊抢救室作为项目试点，国网江苏省电力公司科学研究院汇报项目方案通过予以实施。经过多方现场多次的勘察、设计、讨论，项目整体于2023年6月1日经过测试具备使用条件。

医院医疗设备安全可靠性关乎患者的生命和健康，处于人体安全直流电压范围的48V低压供电可以满足绝大部分医疗设备供电需求。经过直流改造后，低压直流供电接口能够安全锁止，有效避免护理人员抢救过程中误插拔的风险，低压直流也可以提高医护人员与患者在诊疗空间中的安全可靠性。同时，借助医院直流供电系统场景的建设，也为后续医院的建筑电气直流配电系统研究与大型医疗设备直流化“减重”和设计国产化研究提供了新的突破点。不仅如此，低压直流病房通过直流化改造，还可以有效减少冗余的交直流电压转换环节，进一步降低终端设备能耗，具备很好的技术及经济优势。

本次直流系统改造采用48V低压直流替换原来的交流配电系统，在抢救室设备带上新增对应的直流插座，以期实现直流医疗设备的供电，同时也对照明回路进行改造，并将原有的采用交流供电模式的灯具更换为直流供电的对应灯具，实现了动力、照明的双向直流供电保障。

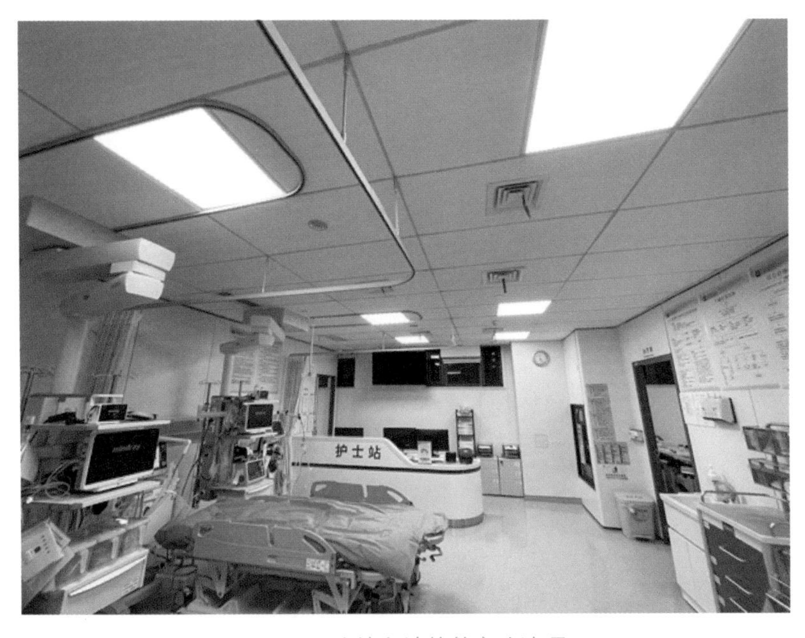

图3–12　直流急诊抢救室改造项目

第 4 章

顺势而为，“光储直柔”的市场机会渐增

4.1 欣欣向荣的投资风潮

零碳目标的需求大背景下，全社会对“节碳”的迫切需求为“光储直柔”发展培育了土壤；同时，各级人民政府的政策支持、政府采购“光储直柔”产品库及验收标准的制定，更为其技术发展提供了大机遇。经过近 3 年的发展，各省光储直柔项目显著增加，目前项目主要集中在珠三角、华东和华北地区。

4.1.1 临风而起

随着光伏组件价格的快速下降，光伏发电装机量快速跃升，截至 2023 年底，国内太阳能发电装机容量约 6.1 亿 kW，其中分布式光伏发电占比已经达到 44.4%，户用光伏占分布式市场的 45.3%。与此同时，光伏装机大省的能源管理部门却屡屡收到光伏集成开发商的投诉信，反映分布式光伏备案难、上网难。2024 年 1 月 23 日，国家能源局公布的《12398 能源监管热线投诉举报办理情况通报》显示，2023 年并网发电成为新能源和可再生能源行业投诉举报最多的问题，全年 464 件投诉中，并网发电占到了 397 件。每一个投诉背后，凸显的是分布式光伏的尴尬现状。在装机形势一片大好的同时，备案难、发电难的问题却愈演愈烈，消纳容量告急的“红区”也越来越多。

大量的分布式光伏发电项目，因当地台区可开放容量不足、消纳困难导致无法并网，或因当地供需不平衡发电被限制，造成弃光，影响光伏投资收益，也浪费社会资源。2023 年 6 月，国家能源局发布通知，在山东、黑龙江、河南、浙江、广东、福建 6 个省份围绕分布式光伏接入电网承载力开展评估。半年后，各省评估报告相继公布，除浙江外，其他 5 个省份都出现了大量区域电网容量不足的问题，超过 150 个区县分布式光

伏无新增接入容量。

超预期快速增长的分布式光伏在遭遇并网难问题后，未来政府、电网、市场将如何分工、合作及应对？如何从根本上解决分布式光伏发不了电、送不出的问题？电网承载容量告急，与分布式光伏装机的爆发有关。新能源发电能否参考海绵城市雨水的做法，实现网格内能源自消纳自平衡，多余或者不足的再与外部协调平衡？

分布式光伏提供的是不稳定、连续和不可预测的电能，把输配电和提高电能质量的责任给了产业链上的其他企业，责任转移而利益没有跟随，导致各种装机发不了电、送不出电的现象。配置储能暂时成为解决分布式光伏并网难的应急方案，各地相继发布分布式光伏配储政策，其中大部分规定了配储比例在8%～30%之间，用于提升电能质量，减少发电波动，但是成本高，规划设计、投资建设、运维管理、报废回收都需要资金，经济性较差，没有从根本上解决问题。

各地政府近几年相继从政策层面提出采用“光储直柔”、微电网技术、建设新型电力系统等方案，就是为了从源头解决问题，充分鼓励源荷互动，将不稳定、不持续的电能优先消纳，其次再转换成其他可以储存和释放的能源，比如热能，电能等，充分发挥柔性负荷的作用，优先实行本地化消纳，减少电化学储能的用量，增加项目的经济性、降低管理难度和风险。“光储直柔”技术是解决新能源发电现阶段问题的良方，也是未来新能源发电可持续发展的合理路径。

土地资源约束、电网接入和消纳瓶颈问题是制约光伏发电能否顺利发展的主要因素，也是未来新能源发电受益的关键不确定因素。很多企业看到了这个机会，开始自投/开发“光储直柔”系统，通过探索新技术的应用，破解上述难题。正因为如此，才在国务院出台引导鼓励“光储直柔”发展的相关文件后，迅速出现了几百个试点项目，并在快速研究实验商业化路径。

根据专委会的不完全统计，短短3年的发展，“光储直柔”从研究起步到示范落成，相关项目迅速超过200个，设备投资额已经超过11亿元，项目总面积已经超过180万m^2。前期项目以办公楼、商业场所为主，农村建筑、产业园，住宅项目紧随其后，随着国家政策的鼓励支持，各类体育场馆、文化场馆、科技场馆、医院等公共建筑也已超过20个项目，例如海南绿荫光伏屋、四海公园、园博园叠重阁等。其他如学校、医院、机场、数据中心、电动船、采矿厂、化工厂、交通站场、市政照明等也陆续加入。百花齐放，万物争春。

随着行业影响力扩大，越来越多的企业参与到这一领域来，从光储直柔专委会的会员单位数量来看，从21年成立时的不到40家单位，到2023年底已经接近100家，年均增长率超50%，更多的企业因看好这个行业的未来而参与其中，也带着更多的项目逐渐落地。会员企业涵盖国企，民企，外资，研究型，生产型企业，以及多所大学及NGO组织，会员分类如图 4-1 所示。正是如此多企业的合作协同，才支撑起这个新兴行业，映照着“光储直柔”的蓬勃发展。

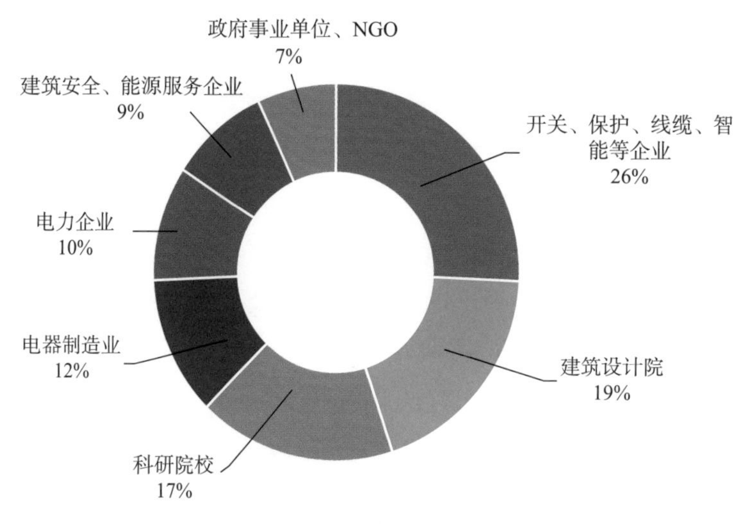

图 4-1 “光储直柔”会员企业分类

4.1.2 顺风而行

近两年“光储直柔”利好政策逐步落地，同时随着人均建筑用电量的不断增长、建筑电气化率的程度不断提升以及人们对建筑减碳意识的日益加强，建筑光伏装机容量和储能配置容量不断扩大，见表 4-1，根据“光储直柔”评估报告，未来“光储直柔”合理化的发展步骤如下：

光储直柔中长期任务目标[①] 表 4-1

主要指标	2025 预期	2035 预期	2050 预期
“光储柔直”建筑总规模	10 亿 m^2	130 亿 m^2	350 亿 m^2
建筑光伏的累计装机容量	0.8 亿 kW	5 亿 kW	20 亿 kW

（1）近期：2020—2025 年建筑用电量迅速增长、“光储直柔”技术起步。建筑储能和“光储直柔”集成化技术尚处于初期发展阶段，主要依赖于国家制定政策推动示范工程。

① 江亿建筑运行用能 – 低碳转型导论 [M]. 北京：中国科学技术出版社，2023.

（2）中期：2025—2035 年建筑用电量增长放缓、“光储直柔”技术快速发展。随着建筑光伏一体化、建筑储能、“光储直柔”集成化等技术的成熟和经济性凸显。可再生能源技术和新型建筑供配电技术将会在 2025—2035 年期间迅速发展。

（3）远期：2035—2050 年建筑领域高度电气化、“光储直柔”技术成熟、可再生能源高比例渗透，“光储直柔”技术随之大规模应用。

“光储直柔”走出试验室、步入百姓家的过程中，短期内经济效益不明显，但中长期来看，随着光伏 / 储能的造价降低，各地峰谷电价差增加，直流供电电器普及及成本下降，“光储直柔”的优势越发凸显。

中国建筑面积总量已至 700 亿 m^2，预计大规模新建在 2035 年前后完成，并达到建筑面积的峰值 770 亿 m^2，之后逐渐转型至“以修代拆，精细修缮”，每年保持 5 亿 ~6 亿 m^2 的新增量满足城镇化新增人口的需求，与此同时每年 15 亿 ~20 亿 m^2 的建筑进行修建改造，满足日益变化的功能需求。“光储直柔”的建设从 2021 年起步，2025 年前以技术示范为主，平均每年新增“光储直柔”建筑面积约 10 亿 m^2，到 2030 年随着技术成熟，配合风光电装机量增加，建筑领域同步开展“光储直柔”建筑新建和改造，由小规模试点逐步加速至新建建筑全覆盖，以平均每年 10 亿 m^2 规模增加“光储直柔”建筑面积，至 2050 年将有一半的城镇建筑采用“光储直柔”配电系统，面积达到 350 亿 m^2，消纳 350 亿 kWh 风光电。

4.2 市场需求分析

通过对“光储直柔”各产业统计分析，对应未来的市场需求发展评估，预计到 2050 年累计拉动 13 万亿社会投资，详见表 4–2 所示。

光储直柔拉动产业产值预期（单位：亿元） 表 4–2

主要指标	2025 年	2035 年	2050 年
建筑光伏投资额	2400	15000	60000
储能投资额	160	1000	4000
直流配电投资额	800	5000	20000
直流电器投资额	1300	17000	46000
总投资额	4660	38000	130000

4.2.1 光伏需求

从建筑角度看，更多的是希望建筑光伏一体化的设备，让光伏与建筑成为一体，而不是两个不同的物体被强行配在一起，影响建筑的美观及城市的美化，只有光伏与建筑一体化设计，才能在建筑上大规模使用。建筑的外立面面积有限，需要在更小的面积上发更多的电，使用更高效的光伏组件，现有的效率还无法满足多数建筑的需要，这将影响和改变光伏产品的研发方向和价格。

2024 年光伏系统价格持续下跌，尤其是组件价格下跌趋势仍未减退，均价已经低于 0.9 元 /W，但是建筑分布式光伏组件通常采购量较少，平均单价较高，且光伏电站的大尺寸组件不是特别适合建筑使用，分布式光伏组件的价格要比集中式电站光伏组件高出 10% 以上，平均价格超过 1 元 /W，按照面积计算，均价超过 200 元 /m^2。建筑为了造型和美观，还有部分采用 BIPV 组件及定制组件，均价超过 1500 元 /m^2。在农村地区，只在屋顶安装 BAPV 组件就能够产生足够的电能，光伏组件成本较低，约 1.1 元 /W，系统成本约 2.5 元 /W；城镇建筑屋顶采用 BAPV 组件，综合平均成本超过 3 元 /W，再算上光伏变换器、线缆、支架、人工、并网柜等成本，平均成本在 3~3.5 元 /W，拉动的投资规模在 3000 亿 ~3500 亿元 / 年，预计到 2050 年能够拉动社会投资 7.7 万亿元。

4.2.2 储能需求

当下的新能源项目初始投资、运营成本都高度透明化。企业要保证收益率，首先就要保证能够提供足够的负载，用于消纳电力。要保证消纳率，储能将成为项目的标配，不管是电化学储能、电化学与蓄冷 / 热的组合，还是利用建筑围护结构的热惰性实现分钟时间尺度的蓄冷 / 热等，都需要通过储能来实现功率调节。

建筑“光储直柔”的储能，主要包括 3 种形式：建筑围护结构储能、蓄冷蓄热、电化学储能。这 3 种技术主要差异在于成本、寿命和管理难度。

（1）建筑围护结构热惰性与空调联动，也就是说在保持室内舒适性前提下，调节空调运行时间和功率，利用建筑本身的热惰性实现柔性控制，调节时间长度一般为 1~2h，无需增加额外的成本和后期维护，而前提是建筑保温性能必须达标。

（2）蓄冷蓄热是目前应用很成熟的方案，如水 / 冰蓄冷和水，采用专用外部装置，将冷 / 热量储存，在需要的时候再释放出来，储能释放时间长度一般为 10h 内。需要足够的空间储能冷 / 热水，且需要单独增加投资，约等效为 500 元 /kWh，每年都需要定期管理清洁，每年使用天数越多，效益越好，寿命一般为 10~20 年；

（3）电化学储能，直接将电能存储在电池内，在需要补充电能的时候释放使用。

根据电池容量，储能时间在分钟至小时之间，适合频繁充放，需要单独投资，还需要独立配置消防设施和监测装置，需要定期维护检查保养，使用年限为5~10年，退役之后需要找专业公司做报废处理。

“光储直柔”技术的发展，对于上述3种储能技术均需要利用，尤其是第一种，性价比最高，也是最优先被发掘的储能资源。

随着光伏并网矛盾的激化，光伏配储成了光伏并网的一根救命稻草，直接拉动了电化学储能项目的井喷式发展。2021年至今，已有26个省份出台分布式光伏配储的相关政策文件，从“自愿”和“鼓励”迅速过渡到“不建受罚”，比例从原来10%逐步上升至不低于15%~30%，连续储能时长从1~2 h提升至3~4 h，呈现逐步走高态势。

不断攀升的光储配比，拉低了光伏发电项目的收益率，打击了光伏投资者的信心。为了实现更好的发电收益，储能的技术路线逐步多元化。

热能存储技术可用于削峰填谷、克服新能源波动性、热管理、跨季节存储等①。目前，全球绝大部分(85%)的储热技术应用于区域供热系统以及建筑供热。显热储热是迄今为止最成熟和最广泛被商业应用的储热技术类型，尤其是水罐储热。在区域供热领域，已安装水罐储热项目有几十个，罐体的容积通常在几百到几千立方米之间。储热技术在提高能源系统的灵活性、实现可再生能源稳定输出、提高能源利用效率等方面发挥着重要作用。储热技术的应用场景广泛，通过储热技术与不同能源技术实现跨系统耦合，是集成能源系统、提高能源系统灵活性和稳定性的重要技术路线。

在统计的“光储直柔”项目中，以电池储能、电池与建筑围护结构混合储能应用为主，如图4–2所示。受益于碳酸锂价格下跌和峰谷电价差增大，建筑储能系统初始投资成本持续降低。2023年底，磷酸铁锂储能系统成本降低至约800元/kWh，加上EPC工程费用，系统落地价约1000~1300元/kWh，加之峰谷价差扩大，建筑储能具备了更好的经济性。全国11个供电区域市场推行了中午和深夜的双低谷低价，储能可以实现每天两充两放，投资回收期接近缩短一半，促进行业快速扩张。

“光储直柔”中电化学储能与蓄冷的等价边界线在500元/kWh，随着电化学储能的成本快速降低，电化学储能的经济优势更加明显。由于电池级碳酸锂的价格不断下跌，储能项目中标价格持续降低，储能系统均价持与2023年初相比接近腰斩，甚至出现600元/kWh报价。随着储能技术的不断发展以及储能矿产资源的回收利用，电化学储能系统成本将不断下降。

---

① 姜竹，葛志伟，马鸿坤.储能技术研究进展与展望[J].储能科学与技术，2020。

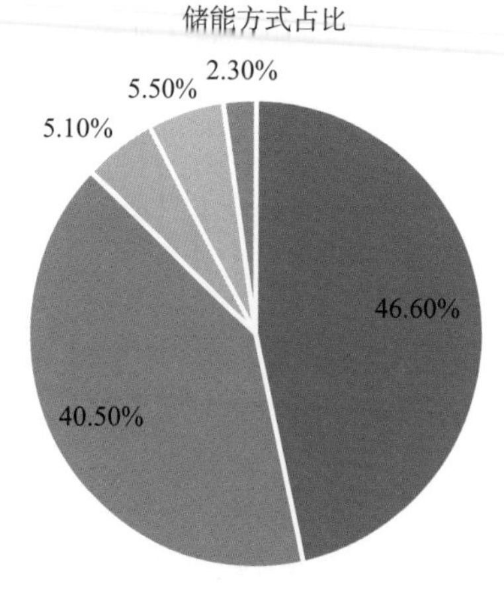

图 4-2　建筑储能方式占比

“光储直柔”的储能市场按照光伏装机量的 20% 需量值计算，参考目前的系统成本 1000 元 /kWh，预计能够拉动投资 200 亿元 / 年，考虑到储能的寿命一般不超过 10 年，到 2050 年累计拉动投资超过 1 万亿元。

4.2.3　直流设备

能源革命与再电气化时代的趋势，无疑将加速直流技术的应用①。交流电网规模越大，短路电流越大，所有设备都会面临短路电流超标问题。同时，交流潮流按自然阻抗分布，风光电源大量进场引起电源在时间空间上的分布不均不可控，引起交流设备呈现过载、效率低下并存的问题。此外，非近端的分布式小型光伏电站发电并网经过多级变压器升降压，效率低下，影响交流系统安全；交流变压器无法频繁、满容量快速且换方向运行，且交流电网需要电压、频率、相位、波形四重稳定性，过去依赖于系统惯性，未来稳定难度越来越大。

直流互联能够解决交流电网中规模化分布式光伏并网问题，实现分布式电力的就近消纳，交流台区之间互联互济互为热备用，以及网格化的能源运输体系。直流电源和直流负荷可无缝接入，仅需 DC/DC 一级变换，实现即插即用。双向直流变压器实现空间上立体化的网络架构，直流变压器可实现功率双向运行，结合柔性负荷、储能与直流变压器，未来电力在时间和空间上都可以更加平衡。直流稳定没有无功、频率为零，只要功率平衡电压即可稳定，电力电子化装置控制迅速，稳定机制相对简单；直流不存在电感和电容，与周围的环境没有耦合影响，架空、地下、水下输电一视同仁，只要提升电

① 国联证券《新型电力系统行业专题报告：世纪轮回，直流装备千亿市场蓄势待发》。

压等级，其输电距离没有理论上限。直流的无线电干扰、电晕、噪声等电磁环境问题均小于交流。

中低压直流支撑配电网高效智能运行，是实现“清洁低碳、安全可控、灵活高效、智能友好、开放互动”的重要基础性技术和装置。

为了更好地消纳新能源电力，结合直流供配电技术的特点现状，交直流混合电网将是未来 10 年内的技术发展方向。交直流混合电网示意图见图 4–3。

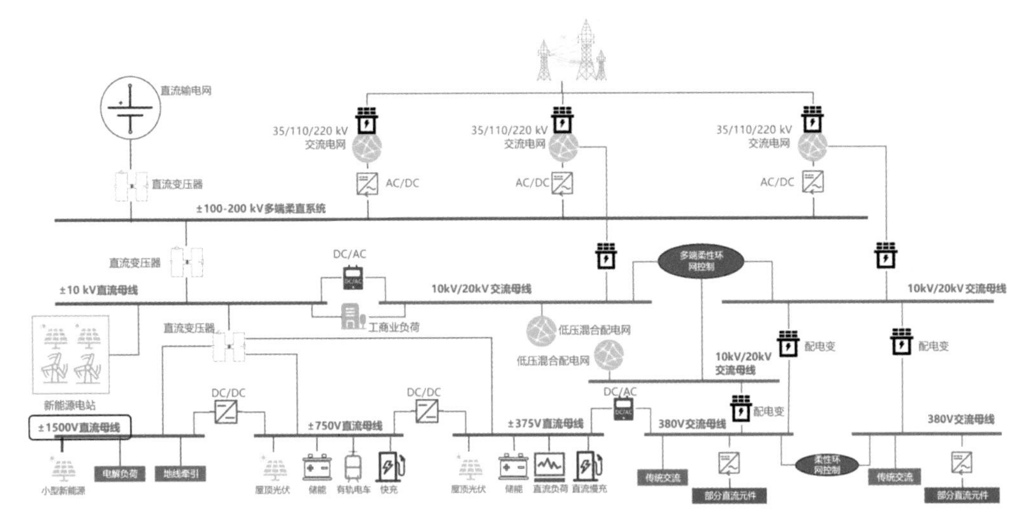

图 4–3　交直流混合电网示意图

直流产品中，源端需要直流电源以及配电保护、绝缘监测、储能变换器、控制软件等，负荷端需要空调、照明、热水器、IT 设备等多种直流电器以及电化学储能系统；直流慢充桩等。“光储直柔”控制软件还需要向上接入虚拟电厂、BIM 可视化技术、SCADA 系统、主流气象系统，向下控制各设备，目前的功能都在开发应用的初期，其功能还需要进一步完善。

“光储直柔”的电源实现方案主要分为直流微电网方案与电能路由器集成方案，与项目功率需求及安装位置相关。其中直流微电网因为安装位置灵活多变，更能够适应建筑空间，功率容易扩展，参与者相对较多，例如传统的电力企业南瑞、许继、正泰、施耐德、ABB、国臣等多有参与；其次是能源路由器，该方案暂处发展初期阶段，主要为降低小规模“光储直柔”系统的接线的难度和技术门槛，以紫电捷控、大周、德意新能等企业为代表。

当然，为适应工程项目更短施工期需要，也有模块式集成“光储直柔”系统，如中建科工集团有限公司的“能量魔方”产品，在工厂内集成了储能、柔性控制、直流配电、电气保护等全部功能，在现场只需接入光伏、市电、负载线即可，功率可以根据需要拼装，极大的缩短项目工期，减少调适时间。

直流电器由于产品的标准、检测及认证问题，目前还需要由专业人员采购，安装调试后方能交付用户使用，或使用交直流兼容产品。当前主要的直流电器如充电桩、空调、照明、变频器等，其中充电桩、变频器和照明灯具多是交直流兼容，市场成熟后应该会有专门的直流供电产品；空调需要跟厂家销售人员沟通，采购直流专用产品型号。“光储直柔”项目目前用到的直流电器按照功能主要分为功率电源类、光电显示类、电机类，其应用难易程度详见表 4–3。

常见直流电器应用难易程度分类　　表 4–3

产品分类	产品名称	发展情况	项目应用情况
功率电源类	充电桩，充电器，开关电源	本就是直流产品，发展成熟	直流微电网的核心，必须用
光电显示类	LED 照明，液晶电视，LED 显示屏计算机，平板电脑，手机	此类产品都是需要适配器使用，交直流输入无影响，大部分都可以直接使用，发展成熟	目前的交流产品兼容，普遍使用
电机类	空调，冰箱，洗衣机，风扇，水泵，排气扇，油烟机等	高效电机都采用永磁同步电机，必须接直流电子开关驱动，内部都是直流化，简单改动即可，已有多类产品可以交直流通用	需要采购直流专用或交直流通用产品，选择性使用
电热类	电热水器，电陶炉，电茶壶，微波炉，电磁炉，电饭煲，电力锅	此类产品为电热转换，与交直流电源无关，受制于直流温度保护开关产品价格高，体积大，暂未有大规模产品，可少量改装临时使用	除全直流项目外较少使用

直流电器为新能源消纳的关键设备，尤其是采用柔性自律控制的电器，能够实现荷随源动，减少储能的配置。直流设备与“光储直柔”的建筑面积相关，按照上述预测，能够拉动的投资额为 2200 亿元 / 年，到 2050 年累计实现拉动 9 万亿元投资。

4.2.4　软件生态

“光储直柔”数字生态软件，技术尚处于初期发展阶段，目前依赖于国家制定政策推动示范工程和试点项目。

目前国内从事“光储直柔”行业数字化相关的软件供应商共 20 余家。包括“光储直柔”模拟仿真软件供应商、直流微网规划设计软件供应商、“光储直柔”能量管理系统供应商等，不同类型供应商的业务也有交集。

目前市面上“光储直柔”软件供应商超过 20 家，包括深圳建科院、中建科技、南京国臣、中建科工、晟运能源、上海大周、格力国创新能、西门子、正泰电器、施耐德、

ABB、丹佛斯等，以国企、央企为主，民营企业和外资都有参与。深圳建科院开发的“光储直柔”仿真计算软件主要为解决年度 8760h 的动态平衡模拟。提供“光储直柔”的配置参考。见图 4–4。

随着政策的支持和市场需求，越来越多初创公司加入“光储直柔”赛道，南网能源、紫电捷控、原力能源等公司也跨界参与，参与的业务方向包括微电网设计规划模拟、负荷聚集及虚拟电厂等。

图 4–4　“光储直柔”仿真计算工具

4.3　“光储直柔”的商业模式讨论

“光储直柔”作为新兴集成技术应用，随着试点项目的经验积累，市场需求在快速增长，盈利模式也在持续探索中。“光储直柔”业务本质上是提供能源服务，降低用户的度电成本，其收益包括但不限于售电、峰谷套利、电网辅助服务、虚拟电厂调节等。光储直柔产业相关利益方见图 4-5。

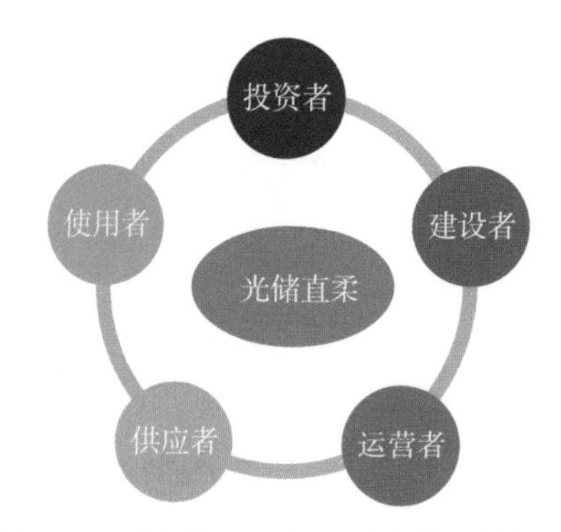

图 4-5 “光储直柔”产业相关利益各方

（1）投资者

投资者投资“光储直柔”项目，通过使用者或者运营者直接售电获得售电收益，收益率与初投资成本及电能销量相关。

（2）建设者

建设者通过建设项目获得一次性劳动收益。

（3）使用者

使用者支付能源费用，通过“光储直柔”技术降低电力能源的使用成本，减少能源费用支出，同时减少碳排放。

（4）供应者

供应者给“光储直柔”项目供应资源获得收益。如果供应设备，则获得设备收益；如果供应能源，则获得能源收益。

（5）运营者

运营者通过对项目的日常运营维护获得长期收益。

上述参与者中，最终费用由使用者支付，通过在投资者、运营者、供应者和使用者之间设计符合市场规律的分配比例，使各方能够实现盈利并可持续发展。投资者可以选择更优的运行策略，利用光伏发电、峰谷套利、柔性控制等综合手段，充分利用自有资源发电，减少从电网的购电量尤其是峰值电量，实现供给使用者的度电成本最低化，扩大电价差异获得超额利润。运营者持续做好设备的维护保养和负荷管理，让设备工作在最佳状态，提高能源利用效率获得超额收益；还可参与电力辅助服务市场，如电力需求响应、调频调峰、虚拟电厂等，获得额外收益。供应者通过让利给投资者和运营者，降低固定资产投资成本和运维成本，减少项目支出获得更高收益。

“光储直柔”系统建成后，投资者、运营者、供应者和使用者通过不同组合创造多种合作模式。通过产业链上下游的关联方合作，如投资者与运营者合二为一，通过与电网签订代理售电协议，形成产销运维全业务流程服务：将自发电以市场价在电价峰值时卖给用户，供电不足时，通过调节负荷的功率，实现电力需求响应，同时向使用者提供一定的补偿，让使用者也收益。这种模式有助于平衡电力供需，提高电网稳定性和用户满意度。通过规模化运营摊薄固定成本，提高利润水平。如供应者与投资者合二为一，用户总用电量不变，可以获得光伏发电的全收益。投资者、使用者和运营者合作，降低用户的最终使用成本，从节约的能源费用内做利润二次分配，可以确保收益的持续性和稳定性。设备的供应商通过收集、分析和应用“光储直柔”系统的大数据，为电力公司、社会负荷等提供精细化的能源管理方案，以及高效的智能控制方案。

新的商业模式仍在讨论与践行中，包括光伏企业、储能企业、南方电网、国家电网、中国建筑、格力电器、中电国臣等各界领军企业多已涉足，未来需要更多领域的“产学研用”跨界融合。

第 5 章

未来可期，实践中探索最优解

“光储直柔”系统的应用推广需求离不开生态链上所有环节的企业协同合作。早期的发展过程中，“光储直柔”借助直流微电网的研究成果，成功实现了从 0 到 1 的突破，搭建了“光储直柔”的第一代产品，实现了直流配电和间接的柔性控制。为了更快更好的实现从 1 到 100 的发展，“光储直柔”必须按照自身的特点和要求来提出改造意见，实现真正价值。如图 5–1 所示，直流供电和直流用电只是第一步，供用电系统的稳定协同才能实现源荷互动以及与电网的柔性交互；直流化只是基础，更重要的是柔性化；“光储直柔”系统能够运行使用只是基本要求，实现负荷分级、柔性分层和自律柔性才能体现“光储直柔”的真正价值，负荷具备柔性调节能力后，才能推动光储直柔从 1 到 100 的飞跃。

图 5–1　建筑“光储直柔”供用电系统关系图

5.1 探索“光储直柔”发展中仍须克服的问题

“光储直柔”技术作为一种新兴的能源技术，是多学科、多领域、多行业融合的结果，具有许多优势，如提高能源利用效率、降低碳排放、提高微电网可靠性等。然而，在实际应用中“光储直柔”技术、产品、成本、安全、标准及生态上仍面临一些困境。

（1）技术成熟度

“光储直柔”作为一种新兴集成技术，其成熟度有待进一步提高。在实际应用中，可能会面临如设备稳定性、安全性等方面的问题。根据运行项目数据统计，目前“光储直柔”技术的设备故障率较高，达 10 h/ 年，需要进一步改进和优化。另外负荷柔性技术调节的技术链条仍未拉通，系统达不到好用级别，导致负荷灵活调节的价值不高。此外，技术的成熟度还涉及设备的可靠性和稳定性，由于“光储直柔”是多元素融合，因此需要具备高可靠性和稳定性。然而，目前的“光储直柔”设备在长时间运行中可能会出现性能衰减、故障率上升等问题。

（2）成本问题

“光储直柔”技术的设备成本相对较高，这可能会限制其在一些领域的应用。虽然随着技术的不断进步，成本会逐渐降低，但仍需要更多的时间和市场验证。根据相关数据统计，目前“光储直柔”技术的设备成本约占整个系统成本的 60% 以上，其中，储能系统、各类变换器模块组件等的成本占据了相当大的比例。为了降低成本，需要进一步推动产品的标准化、规模化和技术的进步。

（3）安全问题

“光储直柔”技术涉及低压直流电的输配电和用电，可能存在一定的安全风险。在设备的安装和维护过程中，如果操作不当或管理不善，可能会导致电击、火灾等安全事故。此外，“光储直柔”设备的故障也可能导致能源供应中断或电能质量下降等问题，对用户的正常用电和设备的安全运行造成影响，阻碍产业的发展和行业的推广应用。

已建成的“光储直柔”配电系统，大多数是建立在采用电气隔离选项下的解决方案及研究，对于非电气隔离接入公共交流配电网络的方式，直流微电网的接地系统将是公共交流低压配电网的一部分，接地系统的变化直接关系到系统中过电流故障、电击及接地故障和暂态过电压等安全防护的设置。应针对此研究开发专用产品，提高“光储直柔”系统在各种条件下的安全性。

传统交流配电网的惯量大，系统过电流保护基本是以金属导线的耐受过电流能力为基础设置和展开的，市场成熟的过电流保护电器均是依据上述分析开发的，保护性开断的最小开断时间均在 100ms 以上。直流微电网内高比例电力电子开关，其开关速度快、惯量小，时间常数在 1ms 左右，一些自带过流保护的电力电子变流器的在过流故障时保护关闭时间是微秒级。传统结构的过电流保护电器不能完全满足“光储直柔”系统的应用，对设备开发的要求也不尽相同，因此需要研究直流微电网的稳态和暂态特性，进而开发更合适的产品。

（4）标准和规范

目前“光储直柔”技术的相关标准和规范还不够完善，这可能导致在应用过程中出现各种问题，如设备兼容性、性能评估等方面的难题。这不仅影响了“光储直柔”技术的推广和应用，也制约了行业的健康发展。

“光储直柔”配电系统的研究是一项系统工程，不仅涉及高校和相关企业间的研究配合，还涉及电气装置、低压电器、变流器等不同产品设备的标准化组织。各方需要根据“光储直柔”配电系统特征和与相关接口的关系等不同角度通力合作，建立起符合电气安全、数据安全要求，具有我国特点的标准体系，用以指导未来的产品开发和系统的设计、施工以及维护。同时，为了产业的健康发展，还需要与 IEC 等国际组织合作，参与国际标准的制定工作，扩大我国标准的适用区域和范围。

（5）生态系统建设

“光储直柔”技术的应用需要一个完整的生态系统支持，包括投资方、设备制造商、安装商、能源供应商、设备维护管理团队和用户等。目前这个生态系统还在建设中，各方之间的合作和利益分配需要进一步协调。由于生态系统建设不完善，导致设备制造商、安装商和能源供应商之间的合作不够紧密，用户的需求得不到满足等问题。

（6）政策和法规

目前政府对于“光储直柔”技术的支持和鼓励政策还不够明确，相关法规也尚未完善，这可能会限制技术的推广和应用。政府还需要加强监管，确保“光储直柔”技术的安全运行和合规发展。

“光储直柔”服务于“双碳”目标，是实现建筑节能降碳的关键技术和重要途径。不仅是建设新型电力系统的抓手，而且是产品创新的方向，更是降低全社会能源综合成本和实现能源自主安全的有力保障。因此政府主管部门应做出明确的建设要求和验收指引，指导推动“光储直柔”技术的实施应用。

（7）教育和培训

“光储直柔”技术需要专业人员进行安装、维护和管理。目前缺乏足够的专业人员和技术培训，这可能会制约技术的普及和应用。由于“光储直柔”技术涉及多个领域的知识和技术，工程人员需要具备电气工程、自动控制、能源管理、计算机等方面的专业知识和技能。因此，需要加强人才培育和技术培训工作，培养一批高素质的专业人员和技术团队，推动“光储直柔”技术的普及和应用。

综上所述，“光储直柔”技术、产品、成本、安全、标准及生态上所面临的困境是多方面的，其发展关键词按照出现频率的多少决定显示字体的大小，如图 5-2 所示。这些问题需要政府、企业和社会各界共同努力解决。政府需要加强政策引导和支持力度；企业需要加强技术创新和研发工作；社会各界需要加强宣传和教育力度；同时还需要加强国际合作和交流。

图 5-2　“光储直柔”发展关键词

5.2　业内关键技术的研究

“光储直柔”并非单一技术，而是系统化、全局化解决近端、远端光伏等新能源消纳问题的一种有效方案。在“源、网、荷、储”四要素的基础上，指出了“能源零碳”的技术方向和实现路径，利用低压直流新型配用电网络，通过直流母线电压值表征，给直流微电网系统提供功率、控制和价格（电价 / 碳价）3 项信息，选用能够实现自律控制的负荷和储能，在充分满足用户各类需求的前提下，通过提高“荷、储”的主动性，最终实现“荷随源动”和“源荷互动”。“光储直柔”技术很好的解决了光伏发电波动性、微电网供电稳定性、柔性调节的简易性问题。城市分布式光伏规模化发展的趋势下，如何用好光伏风力等新能源发电，让所谓的“垃圾电”转变成“绿电”是应用“光储直柔”的主要目的。另外，由于直流配电在供电安全性和可控性等方面具备一定的优势，因此在一些具有高供电安和可靠性要求的建筑中，“光储直柔”也是一种合理经济的选择。

围绕“光储直柔”这一综合性技术，目前在机电设备直流化和配电系统直流化等方面已经实现国家重点研发计划项目立项。

机电设备直流化项目“建筑机电设备直流化产品研制与示范”由中国家用电器研究院牵头，着力于解决空调、风机、水泵、电梯和室内电器产品等机电设备的直流化、柔性化技术研究和产品研发。与现有机电设备体系相比，直流机电设备在通用接口、技术要求、测试评价、产品标准等方面均存在显著差异，柔性调节机制与方式也有本质不同。为推动机电设备的直流化、柔性化发展，本项目将定量刻画、有效评价建筑机电设备的柔性与柔度，确定机电设备的合理技术参数；设计研发适应机电设备直流化要求的通用接口，研发具备可功率调节、可时移、可蓄能等柔性调节功能的直流机电设备产品，并进行可靠性验证；建立支撑直流机电设备研发和产品推广应用的技术标准与评价体系，引领机电设备产业升级，助力我国能源系统低碳转型和建筑用能系统方式变革。本项目将编制《直流家用和类似用途电器技术要求》《直流家用和类似用途电器柔性测试方法》《直流家用和类似用途电器的柔性评价》3 项标准，为直流家用和类似用途电器统一基本要求和标准，后续编制《直流电器安全技术要求》，重点研究直流电器的特殊安全要求，让直流电器可以放心使用。

配电系统直流化项目“光储直柔建筑直流配电系统关键技术研究与应用”由深圳市建筑科学研究院股份有限公司牵头，着力于解决建筑直流配电系统基础理论薄弱、标准体系不健全、安全保护技术不完善、配电设备不兼容与功能不完备等瓶颈问题。为推动建筑“光储直柔”系统规模化发展，本项目将建立建筑直流配电基础理论体系，开发通用变换器控制和直流系统安全保护等关键技术,研发系列化通用变换器和安全保护设备，开发具有自主知识产权的动态仿真工具，开展建筑直流配电工程应用与示范，突破建筑直流配电技术从基础理论到核心自主设备的瓶颈。供电侧主要研究供电电压的正常波动范围、供电半径和经济性，以及接地保护设备的开发。

（1）电压波动范围

1）当直流母线电压处于 90%~105% 额定电压范围时，设备应能按其技术指标和功能正常工作；

2）当直流母线电压超出 90%~105% 额定电压范围，且仍处于 80%~107% 额定电压范围时，设备可降额运行，不应出现损坏；

3）当直流母线电压超出 80%~107% 额定电压范围，且持续时间不超过 10ms 时，直流母线电压恢复到 90%~105% 额定电压范围后，设备宜自动恢复正常运行。

（2）供电距离

对于低压 DC 400V 左右的电压等级，其供电范围参考低压交流配电网供电半径在《城市配电网规划设计规范》GB 50613—2010 条款 5.8.5 的规定。对于更高的电压等级对应的供电半径，当电压偏差要求相同时，可近似线性扩大。

（3）接地保护

低压直流配电系统的接地方式和接地方式的选择需要在兼顾供电连续性的同时，保证电击防护性能达标和稳定可靠的供电，确保用电安全。当系统对地绝缘破坏导致设备或装置带电，人体触碰故障处将产生接触电流，对不同接地方式和接线形式，其电击防护性能不同，都要能够保护人员安全。

5.3 核心产品的开发

“光储直柔”低压直流配用电系统内的关键设备包括电力电子变换设备、保护测控装置、柔性控制系统及直流负荷。

5.3.1 电力电子变换设备

电力电子变换设备包含柔性双向变换器、光伏 DC/DC 变换器、储能双向 DC/DC 变换器、通用 DC/DC 变换器及充电桩 DC/DC 变换器。

（1）柔性双向变换器

柔性双向变换器并网装置通过三相全桥变换器，实现整流与逆变。整流输出经 EMC 滤波器滤波后注入直流母线。逆变输出经滤波器滤波形成正弦波电压，再由三相变压器隔离升压后并入电网发电。通过协调控制可实现包括稳压、PQ 控制和 VF 控制等运行模式及其切换。

双向柔性互联装置具备整流和逆变双重功能，根据具体工况实现稳压模式、PQ 模式和下垂模式的在线切换。不同的运行模式取决于不同的控制策略。双向柔性互联装置的控制策略包括外环控制和电流内环控制。

柔性双向变换器的直流输出电压值和逆变功率受通信控制，根据外部指令执行整流、逆变及对应运行直流电压、功率，变换器需要具备并机运行能力，输出电压值能够满足各种工况下的实时调整。

（2）DC/DC 变换器

DC/DC 变换器是"光储直柔"系统中的关键设备，其效率、性能和可靠性对于光伏、储能系统的运行有着重要作用。通常 DC/DC 变换器采用非隔离方式，通过直流端口一和直流端口二分别连接直流源和直流母线，其电路原理如图 5-3 所示，能够在升压 / 降压模式中快速切换，实现电能的双向流动，内置 MPPT 功能，满足光伏发电的功率最大要求。

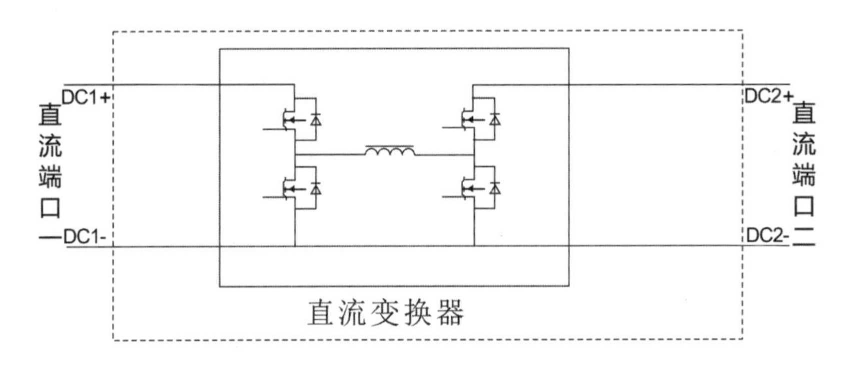

图 5-3　双向 DC/DC 变换器原理框图

"光储直柔"系统的 DC/DC 变换器，是一个控制执行器，自带控制功能，需要根据源荷的变换自主切换充电 / 放电模式。DC/DC 变换器可以工作在自治模式下，无需上级控制器的控制指令，能够根据母线电压与设定电压的差值自动调整，以保证母线的电能质量。

5.3.2　保护装置

按照被保护对象的划分，"光储直柔"低压直流配电系统保护装置分为以下几类：

（1）母线保护装置：适用保护对象为低压直流母线。保护种类包括差动、过电压、欠电压、开关量联锁等保护。母线保护装置目前多采用微机保护。母线保护装置和绝缘降低与接地保护装置可以在实践中合二为一。

（2）线（支）路保护装置：适用保护对象为各种馈线（支路）、联络线（支路），含储能和电源分支。保护种类包括电流速断、电流上升率、电流增量、过流、电流积分、逆功率、过电压、欠电压、合闸自检、开关量联锁等保护，根据支路性质选配。值得注意的是，为简化保护配置，低压直流系统中的变换器和开关设备由于本身具有一定的自我保护的能力，不再单独配置保护。

（3）绝缘降低与接地保护装置：使用整个低压直流配电网网络，保护种类有正 / 负极绝缘降低、正 / 负极接地、交流窜入等保护。

就保护装置而言，数字式保护装置是目前被广为接受的继电保护设备存在形态，它以微型处理器或数字信号处理器（DSP）为核心，融入信号变换、采样、计算、逻辑判断、执行输出及其他通信等辅助功能，实现对电力系统的故障预警及快速隔离功能。考虑到低压直流配电系统的实际施工工况和运行维护水平，宜采用一二次融合方式，但其设计中需要重点解决抗干扰和防雷保护等问题。

由于直流微电网中多数电源为恒流输出，其电流上升到变换器的保护电流后很难再提高，只会引起母线电压的降低，可能导致传统的机电保护装置失效。需要开发适用于新型微电网保护的保护产品，改变机电保护装置的保护特性，减少保护延迟时间如到 5~10ms 内实现开断，或者使用固态断路器，保护时间减少到 10 μs，更快地保护供配电的安全。但在前期系统各产品磨合过程中，难免会引起误动作，导致保护频繁，影响使用。直流微电网的保护功能，需要负荷产品配合，从设计之初就需考虑上电冲击电流、启动延时、电压跌落和电压过高时长等条件，以设计适合于直流微电网的电器产品。

低压直流用电系统中，机械式温度保护装置也需要突破。因为直流电无过零点，导致在需要立即带载切断直流电回路时容易产生电弧,影响保护产品寿命或导致保护失效。相较于交流温控开关，现在的直流开关的产品价格高、体积大，无法在各类设备中大规模使用，尤其在低成本的家电产品中，直接导致各种电热类产品无法实现直流化。机械式温度保护装置产品研发成功后，将极大地加速电器直流化的进程，让直流电的使用与交流电一样方便，各种电热类产品，如电热水器、电热水壶、电暖器、电烤箱、电吹风机、电陶炉等对电压波动不敏感的生活电器，可以更好的适应电压波动和柔性用电要求，满足日常生活需要。

5.3.3 柔性控制系统

柔性控制系统，主要完成“光储直柔”系统的能源监测、与电网交互的功率控制，是电成本降低的唯一控制器，其主要功能如图 5-4 所示。系统主要硬件功能及实现方式如下：

（1）干线监测：通过电力电源监控模块主要监测交流侧、直流侧电压以及交直流母线运行状态，采集到的数据通过 485 总线传输至通信管理机；

（2）变换器监测：主要监测整流模块、光伏变换模块、储能变换模块、DC/DC 降压模块等，监测信息通过 485 总线传输至通信管理机；

（3）保护监测：监测一体化配电单元运行状态、主动式保护单元运行状态、交流侧断路器工作状态、直流侧母线绝缘状态等，监测信息通过 485 总线传输至通信管理机；

（4）储能管理系统：储能运行状态监测，并监测每一节电池的工作状态，监测信息通过 485 总线传输至通信管理机；

（5）数据计量：统计种类包括交流侧电量、直流侧电量，其中直流侧电量包括整流电量、光伏发电量、整流放电量、负荷用电量；时间尺度包括实时计量、日电量、周电量、月电量、年电量。

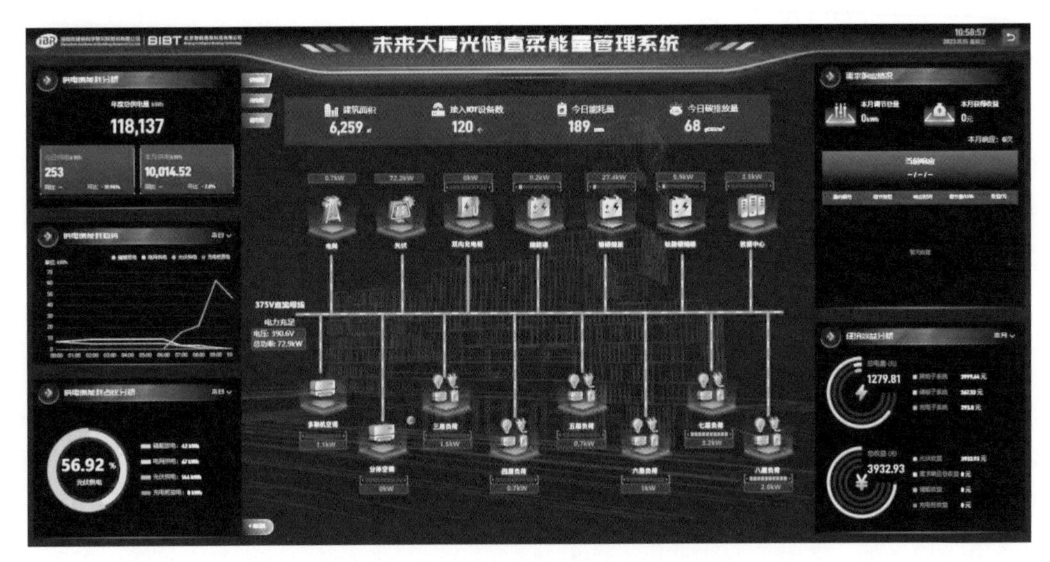

图 5–4　带柔性控制系统的能量管理平台

在实现上述硬件功能的基础上，对系统软件功能进行了设计，具体如下：

（1）系统调度：可根据直流配电网与交流配电网的协调互动，进行电网自平衡和自平滑统一的优化控制，具有直流设备运行状态监测、运行数据存储和分析、远方通信、电源 / 储能 / 负荷运行状态实时监控、分布式发电预测 / 负荷预测 / 可控发电计划、能量优化管理的功能。

（2）光伏发电监控：对太阳能光伏发电的实时运行信息、报警信息进行全面监视，并对光伏发电进行多方面的统计和分析。应能显示光伏系统的当前发电总功率、日总发电量、累计总发电量以及每天发电功率曲线图。

（3）储能单元监控：对储能单元的实时运行信息、报警信息进行全面监视，并对储能单元进行多方面的统计和分析。要求对储能单元的监控至少显示下列信息：

1）显示：可实时显示储能单元的当前可放电量、可充电量、当前放电功率、当前充电功率、可放电时间、今日总充电量、今日总放电量；

2）遥信：能遥信双向变流器的运行状态、告警信息，其中保护信号包括：低电压保护、过电压保护、过电流保护、器件异常保护、电池组异常工况保护、过温保护；

3）遥测：能遥测双向变流器的充放电电流、电压、功率，以及储能剩余容量、电池单体电压等；

4）遥调：能对储能电池充放电时间、充放电电流、电池保护电压等进行遥调，实现远端对双向变流器相关参数的调节；

5）遥控：能遥控双向变流器充电、放电功率。

（4）负荷监控：对直流系统内部负荷进行监视、控制和统计，为直流配电系统功率平衡分析控制等提供依据。在运行时，可对这些负荷进行分组监控。

（5）数据采集与监测：模拟量采集，包括楼宇直流配电系统各点电压、电流、电量等模拟量的采集、状态量采集，包括开关位置、事故跳闸信号、保护动作信号、异常信号、开关储能状态、终端状态等状态量的采集；其他数据采集，包括对特定的电网电能质量数据的采集以及对PCS电源运行状态数据的采集。

（6）虚拟电厂互动功能：包括梯级响应和边缘计算等。其中梯级响应可以实现对储能的快速调节以及对功率响应较慢的常规负荷的功率调节；边缘计算可以通过对子系统柔性双向变换器、低压分支箱、低压电气数据、电能数据等信息的采集监测、功率预测等手段，反向告知智能融合配变终端子系统在各时间段的用能情况，让主站提前进行优化调度。

5.3.4 直流电器

交流配电已深入社会的每一个角落，交流供配电和交直流电器产品的标准细致完善，交流电器经过近百年的发展，各种类型的产品丰富到“多余”，现在几乎可以买到任何功能的电器产品。而直流电器产品，就如广告里宣传的，全直流变频空调、直流变频冰箱、直流变频洗衣机等，依然是交流输入，只是电器内部变成直流再逆变给直流同步电机使用，如同手机和电脑，虽然采用USB直流充电，但是充电器的接口还是交流输入。对于直流输入的电器产品，除了工业和特殊用途的，或者不是从建筑配电网取电的，才可能是直流电输入的电器产品。

与普遍应用的交流不同，新型直流供电系统是建立在成熟的半导体产业基础上，集成了电力电子、电子控制及智能系统多种软硬件技术，随着光伏、储能、电动车这新三样新能源发用电设备的普及而出现的，在新三样产品规模化生产以后，庞大的市场创造了很多新的需求，带动了直流配电产品的繁荣，为直流电器的发展提供了丰富的配件产品。现在已经出现了很多自带电池的产品，最典型的如笔记本电脑、吸尘器、便携式电动工具等。

为了更好地消纳有波动性、随机性和间歇性特点的新能源电力，随着电力电子技术的发展应用和成熟，全球多个国家提出了直流微电网的概念，利用电力电子的快速控制调节能力，实现源随荷动。经过多年的研究示范和应用经验积累，IEC 组织也在研究直流微电网的相关标准，而受制于示范样本的数量偏少，多数标准还没有发布，导致直流电器标准不完善。

缺少国际和国标级建筑直流配电标准，建筑直流配电无法设计施工，直流电器产品没有应用条件，产品研究生产及配套认证难以开展。早期的直流建筑试验示范项目需要用到的直流电器，只能定制或者采购交直流兼容产品，造成直流电器产品价格比交流电器高出很多，出现了虽好但贵、少人付费的现状。

随着光伏并网难、产能消化难问题的突出，国家能源局提出了新型电力系统建设、智能微网、柔性负荷等概念后，很多机构、团体和企业看到了产业直流化的机会，相继启动标准研究。如中国电器科学研究院牵头的《家用和类似用途直流插头插座》GB/T 42710.1—2023 国家标准已经发布，中国家用电器研究院的《直流家用和类似用途电器技术要求》等 3 项团体标准讨论稿已经完成，中国质量认证中心联合多家机构申报的国家市场监管总局课题《新型能源系统下直流终端用能产品在合格评定中的关键技术研究（I 期）》正式立项，启动了《直流商用空调的安全技术要求》标准研制。2024 年 4 月，国家市场监管总局等七部门联合印发方案《以标准提升牵引设备更新和消费品以旧换新行动方案》，指出“研制 ... 直流家电 ... 直流技术等信息技术新材料与家电融合标准”，明确支持直流家电行业发展。直流电器相关标准及产品研究步入快车道。

中国家用电器研究院编制的团体标准《直流家用和类似用途电器技术要求》，在标准讨论稿中提出：

（1）电器设备的最大功率不大于 15kW，建议采用 DC 375V 输入电源；最大功率大于 15kW 的电器设备，建议采用 DC 750V 输入电源；

（2）当直流输入电压处于 92.5% ~ 105% 额定电压范围时，直流家电应能按其技术指标和功能正常工作；

（3）当输入电压处于 80% ~ 92.5% 额定电压范围时，直流家电应具备功率主动响应功能，不应出现损坏；

（4）当输入电压低于 70% 额定电压范围，且持续时间超过 10ms 时，直流家电应采取停机措施，当输入电压恢复到 92.5% ~ 105% 额定电压范围后，直流家电宜自动恢复正常运行；

（5）当输入电压处于 70% ~ 80% 额定电压范围，且持续时间不超过 10s 时，直流家电应保持运行。

根据光储直柔专委会对已建成“光储直柔”项目使用的直流电器产品种类调研统计，

目前极具经济性的 LED 照明、直流空调、充电桩、液晶电视及 LED 显示屏等已经生产直流化的产品，调研的产品及生产厂家见表 5–1。

直流电器相关产品及部分生产厂家　　表 5–1

直流电器类型	生产厂家
空调（热泵）	格力电器、海信日立、海尔智家、柯兰特热泵、广州兆晶、宁波德业
照明及控制	数字之光、邦奇、奥莱、欧普、三雄极光
充电桩	万邦数字能源、英可瑞、英飞源、链宇科技、永联、能效电气
插座插头	公牛、ABB、东莞联升传导
液晶电视	康佳、创维、海尔、TCL
LED 显示屏	光祥、洲明、利亚德
变频器	英威腾、三晶、科元电气

在直流电器产品的开发过程中，离不开直流配件、保护和控制元件的选型，为了让研发工程师快速找到相关直流部件，专委会调研部分上游供应商，一并把产品及生产厂家列出，见表 5–2。

直流元件及部分生产厂家　　表 5–2

直流元件类型	生产厂家
熔断器	贝特卫士，西安中熔
继电器	厦门宏发、松下、沈阳二一三、松川
断路器	正泰、京人、ABB、施耐德、良信
固态断路器	丹佛斯、ABB、施耐德、汇众
RCD	国臣、正泰、航智
控制电源	金升阳、明纬

经过几年示范项目的建设，直流电器可选择性日渐多样，但是真正的柔性电器还较少，目前支持柔性控制的电器产品主要有多联机空调系统、热泵热水器、直流风管机、充电桩，支持自律控制的产品更需要行业尽快研发生产，携手开创一个新产业。

第 6 章

万象“增”春，实践先锋

在探索中前进，在前进中闪现出耀眼的光芒。

新的技术、新的理念在各界的直流盟友们的不懈努力中逐渐发扬光大。“光储直柔”的起航之年，也一样不缺少各界同仁们的“前台献艺”，托起“光储直柔”即将到来的辉煌未来。

在篇末，着重介绍部分代表性的企业：

6.1 深圳市建筑科学研究院股份有限公司

深圳市建筑科学研究院股份有限公司，成立于 1992 年，前身是科研事业单位深圳建科所，2006 年划转至深圳国资系统。近年来，深圳建科院先后完成混合所有制改革、股份制改造，并于 2017 年在深交所创业板上市。公司成立以来一直专注于探索中国特色新型城镇化之路，始终秉持“科创引领、点绿成金”的发展理念，以本土化、低成本、精细、适宜的技术路线为特色，以全生命周期服务为手段，面向城市绿色发展，逐步形成涵盖“生态诊断、平衡规划、动态实施、智慧运营、持续评估”的全链条低碳规划技术服务产品创新体系，提供涵盖科研、规划、设计、咨询、检测、项目管理以及运营等全过程所需综合解决方案，是国内知名绿色城市发展技术服务领域领先机构。2020 年，公司入选国务院国有企业改革领导小组办公室确定的全国 208 家“科改示范企业”；2022 年，公司获评国务院国资委“地方国有企业公司治理示范企业”，在“科改示范企业”的评选中获得“优秀”称号。

继 2020 年中央提出“双碳”重大战略并出台系列支撑政策后，2022 年住房和城乡建设部和国家发展改革委联合印发了《城乡建设领域碳达峰实施方案》，进一步明确了 2030 年前城乡建设领域碳达峰的具体目标，部署了建设绿色低碳城市和打造绿色低碳县城和乡村方面的 12 项重点任务，包括优化城市结构和布局、开展绿色低碳社区建设、全面提高绿色低碳建筑水平、建设绿色低碳住宅、提高基础设施运行效率、优化城市建设用能结构、推进绿色低碳建造、提升县城绿色低碳水平、营造自然紧凑乡村格局、推进绿色低碳农房建设、推进生活垃圾污水治理低碳化和推广应用可再生能源，同时明确要求完善金融财政支持政策。2022 年 3 月《深圳经济特区绿色建筑条例》出台并于 7 月正式实施，将工业建筑和民用建筑纳入立法范围，并首次以立法形式规定建筑领域碳排放控制目标，为进一步推动深圳市绿色建筑高质量发展提供了法律保障；2022 年 6 月，深圳市住房和建设局印发了《关于支持建筑领域绿色低碳发展若干措施》，有效激励了绿色低碳建设发展。系列政策的出台进一步指明了城乡建设领域推进“双碳”工作和高质量转型发展的方向，更加坚定了公司走绿色低碳之路的决心和信心，也为公司业务未来发展提供了战略方向。

（1）城市绿色发展全过程技术服务

在城市绿色发展服务板块中，公司提供城市规划、建筑设计等技术咨询服务业务，是公司多年形成的核心主营业务。

1）规划设计业务，一直以国家绿色低碳战略为引领，以共享设计方法为工具，为中国城市和乡村的发展提供最具创意和最可实施的综合解决方案。其中，生态城市规划业务围绕“点绿成金，高质量发展”的核心理念，在基于对生态本底的科学诊断基础上，以共享协同方式优化城市空间布局，通过集成创新提升片区运作效率，实现城市绿色发展价值，并通过深圳国际低碳城、绿色雄安专题研究等典型案例，成为行业生态发展的先行者。而绿色建筑设计业务，则是公司绿色理念贯彻实施的典型版块，通过共享设计理念和方法，为客户打造人与自然和谐共生，更加人性化、更加适宜的多种空间。近年来，公司的规划设计业务在业务模式创新和新业务开拓方面持续发力，呈现绿色性、综合性、前瞻性、开放性和平台化的特征，通过集团 + 湾区规划设计双品牌服务于不同类型的市场与客户，逐步提升公司的市场知名度和美誉度。公司承担的城市规划和建筑设计项目，也凭借出色的技术水平和绿色设计理念，先后获得了多项国家、省市甚至国际组织的奖项。

2）EPC 及项目全过程管理业务，是以绿色建筑交付为目标的工程总包服务业务，整合了公司在规划设计、绿色建筑咨询、检测服务、项目管理咨询等业务的优势，成为集成展示绿色规划设计运营的示范平台。

3）绿色建设运营服务业务，如 DOT 业务，是基于公司所掌握的系统完整的城市和建筑绿色建设运营全过程的集成技术体系，因地制宜地为不同区域、类型的客户提供高品质和能较好实现绿色效益的综合技术服务。目前已形成系统的技术积累和较好的行业科技品牌影响力。

（2）绿色人居公信全过程技术服务

公信服务业务，围绕对低碳绿色的效果进行验证与持续评估，保障公众利益为核心，以城市、建筑、家居的安全、健康、舒适、高效、可持续性提供一站式解决方案为目标，以检测、检验、认证为基础，集绿色建筑设计优化、工程性能质量检测检验认证、综合技术研究咨询于一体的服务模式，包括：

1）绿色建筑综合咨询、绿色建筑等级符合性评估、碳绩效体系服务、能源环境规划咨询、装修污染物全过程控制咨询、既有建筑绿色化改造全过程咨询；

2）建设工程检测和验收全过程服务、合成材料运动场地检测及监管、甲方内部质量控制抽检服务、建筑工程质量潜在缺陷保险风险管理服务；

3）绿色建材产品 / 体系 / 服务认证、绿色生态城区智慧运营监测数据平台建设等。

为更好地突出生态规划、建筑设计、项目管理、公信检测和绿色运营等全过程业务和组合业务的优势，公司集中力量和资源服务于生态建设和绿色发展业务需求大、具有典型特征的多个重点城市区域，将城市作为虚拟客户主体，在“双碳”背景下，实施以城市绿色发展为目的全过程业务和组合业务营销策略，即“城市客户”市场战略，为不同类型特征的城市提供应对“双碳”挑战的全流程、综合、定制化组合的绿色科技创新服务，为城市绿色发展、客户成长提供体系化解决方案，为国家和相关城市的绿色低碳发展做好“陪伴式”、创新性服务，更好发挥公司综合能力的优势与绿色科技储备竞争力，提升公司客户的集中度和单个城市业务规模，从而提高业务运作效率，已取得较为明显的成效，并将继续聚焦关键区域开展工作。

6.2 中建科技集团有限公司

中建科技集团有限公司是中建集团开展科技创新与实践的“技术平台、投资平台、产业平台”，是建筑工业化领域的“国家高新技术企业”“全国装配式建筑产业基地”“住建部装配式建筑头部企业”。集团组建了我国首个装配式建筑领域院士专家工作站、我国首家装配式建筑设计研究院，设立大师工作室，具有建筑工程施工总承包特级资质和建筑行业甲级设计资质，连续 3 年获国务院国资委“科改示范企业”标杆。

中建科技积极践行“双碳”战略，聚焦“绿色建造”“能源业务”等低碳城业务，构建“双碳”技术体系，研发实施“光储直柔”建筑、零碳建筑、零碳社区、零碳村落等绿色节能建筑产品，搭建“碳排放监测及碳资产管理平台”，探索“碳交易与碳金融”

商业模式，为低碳城市建设管理运营提供系统解决方案。

与清华大学深圳国际研究生院联合“揭榜挂帅”，组成“未来城市联合实验室”，深耕“光储直柔”技术，在园区、学校、既有建筑改造、交通等多场景落地“光储直柔”示范项目 10 余个，实现了“光储直柔”技术的全场景应用。其中全球首个运行的“光储直柔”建筑——中建科技深汕绿色产业园办公楼，已高效平稳运行 3 年，实现了年均节电超 10 万 kWh、节标准煤约 33.34t、减少碳排放超 47%，相当于植树 16 万 m^2，成为生态环境部《中国应对气候变化的政策与行动 2022 年度报告》中的行业唯一低碳试点示范案例。自主研发的“光储直柔”技术写入国务院《2030 年前碳达峰行动方案》，入选《中国碳中和通用指引》，是国内建筑行业唯一入选企业。

中建科技“光储直柔”双碳综合能源解决方案系统采用全直流供电，提升电能质量，减少交直转换，提高能源利用效率；通过构建柔性用电管理系统，最大程度消纳光伏发电、降低电网峰谷差。“光储直柔”系统利用零排放的光伏发电进行能源供应，直流配电降低了交直转换能量损耗，建筑总能耗下降，而分布式储能 + 柔性用电可实现光伏发电与建筑用能曲线匹配，实现建筑高比例绿电供应，进而实现低碳和零碳排放目标。

6.3 南京国臣直流配电技术有限公司

南京国臣直流配电技术有限公司成立于 2005 年，公司致力于改善电能质量、提高供电可靠性、消纳新能源、提升用电能效、降低配用电成本，为客户提供完整的解决方案和系列产品。公司自主研发的电力电子变换器、保护测控装置、暂降治理系统、厂站直流系统四大类产品，先后取得了国家级第三方权威机构检测，被广泛用于电力、石油、化工、制药、冶金、汽车制造、半导体制造、绿色建筑等多个领域，并已沿着“一带一路”踏出国门，走向国际市场。

公司积极参与国际电工委员会、国际供电会议、国际大电网会议、电气与电子工程师协会、全国电压电流等级及频率标委会、中国电力企业联合会、中国电源学会、中国电工技术学会、中国建筑学会、亚洲电能质量联盟等组织的系列活动和标准制订工作。公司联合南京航空航天大学航空电源实验室成立了电源技术中心，与中国石油大学成立了研究生联合培养基地，联合太原理工大学成立了直流配电研究院，为科研和技术队伍持续注入新的活力。

近年来，公司产品先后在“净零能耗建筑关键技术研究与示范”“分布式可再生能源发电集群并区消纳关键技术及示范应用”等多个国家重点研发计划工程中得到应用，赢得了各界的广泛好评。迄今为止，公司已取得国家专利授权 60 多项、发表高水平学术论文 80 多篇，参编专著 5 部，参编国家标准、行业标准及团体标准 20 多项，获省部级以上科技成果奖 5 项。

在“双碳”的大背景下，作为“光储直柔”的核心技术——低压直流配电受到前所未有的关注。公司将抓住机遇，持续专注于低压直流领域的研究与实践，坚持自主技术创新，为全球的能源变革奉献国臣智慧和最优解决方案。

6.4 珠海格力电器股份有限公司

珠海格力电器股份有限公司成立于 1991 年，1996 年 11 月在深交所挂牌上市。公司成立初期，主要依靠组装生产家用空调，现已发展成为多元化、科技型的全球工业制造集团，产业覆盖家用消费品和工业装备领域，产品远销 190 多个国家和地区。

2012 年，格力电器成立技术攻关组，2014 年成立研究院，开始了家电及机电设备零碳直流化的十多年长跑。2019 年 8 月，在广东省工信厅的指导下成立的国创能源互联网创新中心（广东）有限公司（简称国创联能），是广东省能源互联网创新中心的运营实体，致力于新能源直流电器及近用户侧能源互联网系统关键技术研究，协同构建能源信息化与直流化新生态，奋力国家“双碳”目标，服务绿色经济转型和新型电力系统构建等国家战略。2021 年 6 月 IEEE PES LVDC 成立，中国成为 IEEE 组织低压直流技术牵头国，格力电器以光储空近 10 年的开拓贡献及成果成为主席单位。2022 年 2 月，格力电器牵头的 IEC TS 63349-2《光伏直驱电器控制器 第 2 部分：运行模式和显示》发布，引领了光储空国际标准。当前行业标准也已发布，国家标准正立项推进中。

“双碳”驱动绿色经济转型，推动制造业高质量发展。格力电器紧跟国家政策，积极参与国家重点科研计划和重大“双碳”示范试点行动。主导 2 项 IEC 国际标准（IEC 63349-1/2）及 2 项行业标准。获“国际领先”鉴定达 5 项，成果获 2019 年广东省技术发明一等奖、2015 年英国 RAC 制冷行业年度成就奖、2018 年日内瓦国际专利金奖等各类国际奖项。

经 10 年持续投入，格力电器已攻关完成 15 类 101 款“光储空”产品，能全面支持国家各场景“双碳”建设。现已服务于中东、美国、新加坡等全球 35 个国家和地区 12000+ 工程。

6.5 正泰集团股份有限公司

正泰集团股份有限公司（以下简称“正泰”）始创于 1984 年，是全球知名的智慧能源系统解决方案提供商。创立 40 年来，正泰始终聚精会神干实业、一门心思创品牌，深入践行“产业化、科技化、国际化、数字化、平台化”战略举措，形成了绿色能源、智能电气、智慧低碳三大板块和正泰国际、科创孵化两大平台，着力打造“211X”经营管理能力，即智能电气、新能源两大产业集群化能力、区域本土化能力、中后台集成化能力、科创培育生态化能力。正泰业务遍及 140 多个国家和地区，全球员工 5 万余名，旗下正泰电器为中国首家以低压电器为主营业务的 A 股上市公司。

正泰不断深化“一云两网”战略，将“正泰云”作为智慧科技和数据应用载体，率先构建能源物联网、工业物联网平台，在绿色低碳发展新蓝海中争做探索者、倡导者、实践者。以“绿源、智网、降荷、新储”系统服务能力，打造平台型企业，构筑区域智慧能源产业生态圈，为公共机构、工商业及终端用户提供一揽子能源解决方案，实现节能降碳，加速能源转型。

正泰坚持实业发展、创新驱动理念不动摇。全面提升经营能力水平，促进和推动集团产业做强、做优、做大。公司拥有以正泰集团研究院为核心的 24 个研究院，在北美、欧洲、亚太、北非等地区建立全球研发中心，整合创新资源，已形成多元化、开放式研发体系，年均研发投入占销售额 3% ~ 12%。截至目前，累计授权专利 9000 余项，参加 48 个国际及国家标准化技术委员会，累计主导及参与 550 余项国际、国家、行业及团体标准制修订。先后被认定为国家认定企业技术中心、国家级工业设计中心，荣获国家技术创新示范企业、国家知识产权示范企业、中国产学研合作创新奖等称号。

正泰坚持绿色低碳、高质量发展不动摇。深耕低压电器多年，如今加速布局新能源。抢抓全球能源转型新机遇，深度融入全球新能源产业链，构建“发电、储电、输电、变电、配电、售电、用电”全产业链一体化发展新生态。

6.6 中建科工集团有限公司

中建科工集团有限公司是中国首个商业化“光储直柔”项目的建设者，是国家高新技术企业，隶属于世界 500 强中国建筑股份有限公司。公司聚焦以钢结构为主体结构的工程、装备业务，为客户提供“投资、研发、设计、建造、运营”全过程或核心环节的服务。

公司打造了“中建科工”“中建钢构”两大品牌，分别负责“钢结构 +”和钢结构项目，在国内和全球 39 个国家和地区开展业务。2022 年，中建钢构获评“国家单项冠军示范企业”和“世界一流专精特新示范企业”。

公司拥有建筑工程施工总承包特级，市政公用工程施工总承包壹级，钢结构工程、地基基础工程、装修装饰工程、建筑幕墙工程、环保工程、城市及道路照明工程等专业承包壹级，工程设计建筑行业（建筑工程、人防工程）甲级，中国钢结构制造企业特级，建筑金属屋（墙）面设计与施工特级等核心资质。

公司在业内具有领先的技术优势，是国家高新技术企业和知识产权示范企业。荣获国家技术发明奖 1 项，国家科技进步奖 8 项（其中一等奖 1 项），詹天佑大奖 15 项，鲁班奖 49 项，国家优质工程奖 37 项，中国钢结构金奖 176 项。获日内瓦国际发明展金奖等 13 项国际奖项。拥有国家专利 1080 项，国外专利授权 32 项，国家级工法 15 项。125 项施工技术达到国际领先或国际先进水平。主编、参编 30 余项国家和行业标准。公司在广东建成了全国首条钢结构智能化产线，是行业唯一入选工信部"智能制造综合标准化与新模式示范项目"的智能制造生产线。

中建科工基于多年的设计施工经验，将"光储直柔"系统集成在一个模块结构内，称为"能量魔方"。"能量魔方"产品解决了"光储直柔" 系统在安装施工过程中，需要交流、直流、光伏、储能、控制等多专业施工人员相互配合，且不同设备分属于不同供应商，协调难度较大，甚至会拖延工期进度等问题。可采用多模块拼装扩容，吊装到工地现场只需要简单的接入 3 组与外界相连的线缆即可，内部所有电气系统接线配置已经在工厂完成测试，简化了施工要求，缩短了施工周期，实现到场即可用。内置冗余的大算力计算机硬件，柔性控制软件功能可定制，具备多目标优化策略可选，实现与电网的可控双向柔性流动。产品设计为户外使用，结构紧凑，占地面积小，防护等级及噪声均符合国家相关标准要求，耐火时间可达 1.5 h，产品设计寿命与光伏组件相同，适合较大"光储直柔"项目定制使用。

6.7 中国质量认证中心有限公司

中国质量认证中心有限公司（CQC）是经政府批准设立、认证机构批准书编号为 001 号的质量服务机构，被多国政府和多个国际权威组织认可，在国际舞台上发出中国声音、提供中国方案、增进国际互信。

作为"国字号"质量服务机构，中国质量认证中心有限公司始终致力于通过认证、检测、标准制定等高技术及专业服务，积极响应政府倡导和政策指引，帮助客户提高产品和服务质量，为政府主管部门提供技术支持，助力国民经济发展。认证结果成为国家产品质量提升、产业升级、行业管理等相关政策实施的重要参考依据，促进市场诚信体系建设，推动高质量发展。作为主要国际认证组织的成员，代表国家参与 IECEE 的国家认证机构（NCB），认证专业团队多人进入国际认证组织管理层或拥有国际认证资质。中国质量认证中心有限公司颁发了第一张国家强制性产品认证证书、第一张电工产品认证合格证书、国内第一张CB证书等多项重量级、历史性证书；累计牵头或参与100余项国家及省部级项目、课题，参与并发布近340项国家标准，并组织下属实验室对"光储直柔"全系列产品进行认证。

6.8 施耐德电气（中国）有限公司

施耐德电气有限公司是总部位于法国的全球化电气企业，全球能效管理和自动化领域的专家。集团2023财年销售额为360亿欧元，在全球100多个国家拥有超过15万名员工。施耐德电气的宗旨，是赋能所有人对能源和资源的最大化利用，推动人类进步与可持续的共同发展。施耐德电气致力于成为用户实现高效和可持续发展的数字化伙伴。推动数字化转型，服务于家居、楼宇、数据中心、基础设施和工业市场。通过集成世界领先的工艺和能源管理技术，从终端到云的互联互通产品、控制、软件和服务，贯穿业务全生命周期，实现整合的企业级管理。

施耐德电气充分发挥其在能源管理领域的专长，针对低压直流配电系统的研究持续投入，积极参与光储直柔专业委员会及《民用建筑直流配电设计标准》T/CABEE 030—2022的讨论并提供专业建议。2023年武汉"光储直柔"示范基地的落成，是施耐德电气"光储直柔"解决方案在中国的首个落地案例。施耐德电气根植于中国本土研发，探索新一代直流保护方案，实现了无弧快速的短路保护，大大提高了直流微网的稳定性，此外，利用先进的电力电子技术和灵活的直流控制模式，帮助实现直流配电保护和柔性负荷控制。基于长久以来在电力行业的深耕，于2023年12月正式发布《双碳背景下新型电力系统的应用创新—光储直柔的微电网洞察》，对探索"光储直柔"完整解决方案、新一代直流产品及柔性控制技术等方面提供参考依据。

6.9 北京紫电捷控电气有限公司

北京紫电捷控电气有限公司成立于2009年，固定资产3000余万元，是专业从事电力电子技术应用的国家级高新技术企业、北京市创新型企业、河北省科技型中小企业。主要业务线包括配网电能质量优化及新能源交直流微电网。同时也是中国建筑节能协会光储直柔专委会会员企业、中国电源学会电能质量专业委员会会员企业、中国电源学会电能质量专委会委员第三届及第四届委员、中国勘察设计协会电气分会会员企业、中国勘察设计协会电气分会第三届理事会理事、中国自动化学会智能分布式能源专委会委员。

紫电捷控电气专注于电力电子技术，助力分布式能源及微电网建设。积极参与相关标准图集的编制工作，参编中国建筑标准设计研究院有限公司主编的《零碳建筑电气与智能化设计》国家建筑标准设计图集，和《建筑智能微电网工程设计标准》《建筑新能源应用设计标准》等团体标准。成功申请了多项关于柔性互联技术及直流微电网技术的专利及软件著作权。落地了多个标志性示范工程，提供的低压台区柔性互联+“光储直柔”微电网解决方案成功打造北京首个零碳供电营业厅，成为北京城市副中心新型电力系统示范区 12 个新型电力系统重点建设项目中首个竣工的项目；在北京经开区通过四台区柔性互联技术，为用户解决新增设备的电力增容解决方案，其经济性和技术性成为业内亮点；成功打造北京首个零碳乡村，实现乡村振兴与“双碳”目标之间的有效衔接；参与建设的山东三台区柔性互联项目、浙江农村微电网项目、电科院柔性直流试验平台项目等均得到了业内专家和用户的好评。“光储直柔”微电利用分布式电源并网技术、多能互补微电网技术、直流配电技术、柔性互联技术，为新能源为主体的新型电力系统提高技术基石。

6.10　ABB（中国）有限公司

ABB 是电气与自动化领域的技术领导企业，致力于赋能更可持续与高效发展的未来。ABB 将工程经验与软件技术集成为解决方案，优化制造、交通、能源及运营。秉承 140 余年卓越历史， ABB 全球约 10.5 万名员工全力以赴推动创新，加速产业转型。ABB 在中国拥有研发、制造、销售和工程服务等全方位的业务活动，拥有 27 家本地企业、1.5 万名员工，线上和线下渠道覆盖全国约 700 个城市。

在“光储直柔”领域，ABB 创新的“源网荷储”精准调控技术，应用于构建工业绿色微电网，实现最大化新能源就地消纳率，提高能源效率，打造近零碳园区；构建云边协同的能源调控体系，实现需求侧精准响应，构建虚拟电厂与新型电力系统示范区。

6.11　公牛集团股份有限公司

公牛集团股份有限公司创立于 1995 年，总部位于浙江省慈溪市观海卫镇，专注民用电工领域 28 年，已发展成为“纳税超十亿、产值过百亿、市值达千亿、员工超万人”的行业领军企业。借助在产品研发、营销管理、品牌推广、供应链建设等方面形成的综合竞争优势，公司连续十多年保持了超20%的年均复合增长，2020年2月在上海证券交易所主板挂牌上市。目前形成了电连接、智能电工照明、新能源三大业务板块。现主营产品有移动插座、墙壁开关、LED照明、数码配件、生活电器、低压电气、新能源汽车充电设备、智能门锁等十余个品类。当前建有8个制造基地（慈溪7个，惠州1个），另外在上海、深圳分别设有研发中心等。累计参与制修订国家和行业标准等150多项，拥有有效专利2300余件，获得省部级科技奖项及国际工业设计大奖等50余项。拥有2项国家“驰名商标”，并先后荣获国家智能制造试点示范、中国制造业500强企业等荣誉称号。

公牛首先解决了DC 400V/10A插座的带电拔插电弧的问题，并开发了系列化的插座、插排、插头，给“光储直柔”行业解决了插座取电难题。

6.12 上海大周能源技术有限公司

上海大周能源技术有限公司成立于2017年，是国内少数将微电网一体化电控装置的设计、实现与应用作为战略方向的高新技术企业，致力于成为顶尖的直流微电网关键产品提供商以及1500V以下工业直流微电网系统集成服务商。公司主要业务是以电能路由器为核心，提供低压直流配用电场景解决方案，为绿色建筑园区、充电站、台区柔性互联等场景提供智能控制、节能减碳增收的清洁能源电控系统。公司拥有多端口能量路由器、直流母线微电网系统等发明专利以及其他实用新型专利软著共43项，其中基于直流配电中心的柔性互联配电网关键技术、装备与应用获中国电力科学技术进步奖二等奖、最佳微电网示范工程奖、上海绿色低碳技术产品等荣誉。

利用产学研相结合的优势不断促进技术产品迭代，已开发出50 ~ 500kW级模块化标准“光储直柔”高安全性一体化智能电控装置产品——电能路由器，为核心提供低压直流配用电场景解决方案，用直流配电技术大幅度提升效率与投资效益，全面降碳、节能升级，为绿色低碳智能化做支撑。

公司研发的多能直流耦合电能路由器可以理解为微电网中控制电能分配和保护的中枢——将微电网中光伏、储能、电网、负载通过变流器控制后直流组网构建成直流微电网，利用电能路由器的中央控制器（PRCC）进行潮流控制和运行模式研究，达到清洁能源就地最大化利用。

本产品主要应用于光伏、储能、风电、氢能、电动车、负荷、电网等多种能源互补就地组网供电，主要服务场景包括绿色建筑“光储直柔”供电、智慧台区光储消纳、野外风光储供电、油田风光储供电与节能、分布式能源直流耦合并网供电。

6.13 德力西电气有限公司

德力西电气有限公司由全球500强施耐德电气携手中国500强德力西集团于2007年合资成立，业务覆盖配电电气、工业控制自动化、家居电气三大领域，致力于以高品质、更卓越的产品与服务，为全球新兴市场客户创造专业、安全、可靠、高效、美观的工业自动化及家庭用电环境，探索中国低压电气行业企业发展新模式。发展至今，业务遍布全国及海外60个国家及地区，拥有五大自动化工业生产基地，15个物流中心，致力在全球范围内创造最佳客户体验闭环。

德力西电气拥有近40年电气行业发展历史，始终积极响应国家电力能源发展最新需求，在“双碳”背景下投入大量研发成本，打造出全套“光”“储”“充”一体化电气解决方案相关产品，包括现阶段正在研发中的DC 2000V平台产品，加速推动新能源行业高压化发展，在解决光伏发电并网时的波动性，最大程度减小负荷端功率对电网的瞬时冲击的同时，帮助客户降低系统成本，提升发电效率，真正意义实现用户侧储能削峰填谷、调频调压等需求。在大型工业园区、市政基础设施等场景，以大量工程数据分析和经验积累，德力西电气为不同需求客户提供定制化微网解决方案。至今为止，产品业务累计支持国内新能源发电装机总量达50GW，为超过500家光储客户提供倍受认可的产品和服务。

德力西电气近余年来专注并引领直流电气专用产品的创新。前期深入光储领域剖析行业痛点，在低温失效、海拔降容及安全绝缘等应用方面赋予产品更高标准的性能参数，加快产品分断速度、提高短时耐受能力、减少燃弧时间、提升灭弧效率。

德力西电气凭借成熟严苛的制造工艺及领先行业的产品检验标准，可提供给行业客户在“源网荷储”分布式能源管理系统各层应用不同需求的全套电气产品。

德力西电气拥有全应用场景下光伏专用产品，包含大型集中式／组串式地面电站、工商业／户用分布式电站，产品额定工作电压最高至DC 1500V，产品包含汇流箱应用的直流隔离开关、直流塑壳断路器、直流熔断器、直流浪涌保护器等产品，逆变器侧有直流框架隔离开关、交流框架隔离开关（额定工作电压最高至1140VAC）、交流浪涌保护器、交流断路器等，以及箱变侧变压器、互感器等全套电气产品。

大储／工商业储能应用中，德力西电气具备DC 1500V完整产品系列，如直流框架隔离开关、直流塑壳断路器、直流隔离开关、直流熔断器、直流浪涌保护器；交流侧AC（690～1140）V产品如框架断路器、塑壳断路器及浪涌保护器等；在户用储能应用中，开发出领先行业的无极性直流微型断路器，以及高压直流熔断器和高压直流接触器等专用产品。

6.14 浙江天正电气股份有限公司

天正电气股份有限公司始创于1990年，精耕行业30余年，于2020年主板上市。天正荣获国家科技进步奖、国家级绿色工厂、浙江省未来工厂等荣誉。

天正拥有国家认证企业技术中心、CNAS实验室、省级重点企业研究院、博士后工作站等科研载体，产品覆盖配电电器、终端电器、控制电器等领域，为新能源、电力、通信、建筑等行业提供高品质的产品和解决方案。

天正依托行业前沿的技术和研发实力，精益化的智造能力，以及数智化、定制化的产品和解决方案，成为众多行业前10强企业的信赖选择。

天正深耕“光储直柔”领域，超前布局智能化产品和全场景高品质解决方案。其中，天正参与的“多场景大容量‘光储直柔’高品质供电关键技术、系统及应用”项目获2023年度中国机械工业科学技术奖一等奖。在光伏领域，为大型地面电站、整县推进项目以及工商业绿建等提供成熟可靠的光伏解决方案及产品，助力多个国家及地区性标杆项目落地。在储能领域，同储能设备集成商深度合作，联合开发储能一体机，为电池箱、PCS变流器、汇控柜等设备提供解决方案，解决了储能领域高电压直流故障电弧持弧的行业难题。在充电桩领域，包含由低压到高压、交直流各异、快慢充并存的全套充电桩解决方案，推动充电基础设施网络构建，弥补新能源汽车产业链短板。

第7章

专家寄语

化石能源也许终究有其用尽的一天，大电网也有局限性，在新能源快速发展的今天，必将发生的能源变革会深刻影响各行各业及所有人，以光伏发电+建筑的微电网能源结构形式，10年前各地政府各种鼓励及补贴交流并网到现在多地拒绝并网，建筑微电网产业正在以前所未有的速度演变，作为建筑的业主和用户，我们能做什么？怎么做？花多少资源做？

“光储直柔”，从配电角度看，是一个典型的直流微电网，其目的是在提高用户用电可靠性的前提下，降低用户的度电成本及初投资成本，是微电网技术与负荷控制技术的跨界融合，是电力电子的硬件技术与数字控制的软件技术跨界融合。“光储直柔”从建筑视角看，是一个建筑的能源系统，将“源网储荷”的关系由各自独立控制到协同联动、相互支撑。“源网储”因为微电网的数量相对少，位置放置集中，容易通过通信机制实现协同工作，而海量的负荷，采用统一通信协议的成本和难度极大，采用直流母线电压来传递功率信号不失为一种低成本通用方法，只需要自律式功率控制来配合直流母线，简化了系统的安装和维护，更有效地推动产业发展。

“光储直柔”的发展基于前期不同研究及实验目的的直流微电网成果，在早期标准缺失，受制于研究条件，造成了自由发展、“百花齐放”的现状，也带来了直流供电电压多样化的结果，如现在入户电压有375V、220V、48V等多种，再考虑到现实的交直流混合供电系统，还得增加一组AC 220V，增加了配电设计及后续施工维护的难度和成本，逐渐影响到现在行业的推广应用。目前的直流电器还无法实现柔性功率调节，直流的优势被大大削弱，显然“光储直柔”需要行业更多的智慧来统一规则，共同前行。万事开头难，“光储直柔”专业技术委员会经过大量的工程和产品调研及收集大量的反馈意见后，建议采用一个未来发展有利的单一电压等级，满足最基础的需求。当然，建议需要产品和工程来支撑和完善，这些都离不开产业链上各个企业的共同努力。

“光储直柔”技术从概念到项目，产业生态正在快速发展丰富，越来越多的国际和国内知名企业都看好这一领域，并持续发布各自的有竞争力的新产品和系统解决方案，推动“光储直柔”产业发展，如施耐德、ABB、丹佛斯、正泰、固德威、公牛、国臣等厂家分别推出了“光储直柔”全系列配套产品，电器设备厂家格力、海信日立、海尔、柯兰特热泵、数字之光、奥莱照明、星星充电等也分别推出了有竞争力的直流负荷，大大丰富了用户选择。各地政府积极推动示范项目，建立产品采购目录，通过公建项目的建设，拉动新产品的应用，行业发展更规范和可持续。随着越来越多的企业加入“光储直柔”生态产业，在“光储直柔”领域两个国家重点研发项目的支持下，更多的项目和工程方案得以顺利实施，用户的设备采购成本和度电成本也将大幅降低，其经济价值日益显著。

心中有梦，眼里有光，脚下有路。“光储直柔”作为新生事物，需要所有从业人员细心呵护，才能茁壮成长。提出概念，研发产品，从设计到项目，从建设到运维，我们的队伍正越来越壮大。让我们为同一个理想努力，祝福产业生态发展越来越好，为社会和企业创造更多价值。